色の辞典

[日]新井美树 著

彭清 译

上海文化出版社

前言

　　我们生活的世界中充满了各种各样的颜色。天空、土地、水、火，植物的绿色、花朵的颜色、动物的颜色……人们分辨颜色，享受颜色，了解颜色的含义，以色彩寄情，给颜色命名，并且试着去再现各种染料的颜色。颜色名字的由来，染料、颜料等色材的历史，在不同时代和地域中产生了各种色彩文化 —— 所有的颜色中都隐藏着故事。

　　世界上到底有多少种颜色呢？如今，经过数字处理将颜色转换成记号和数值，可以区分出数千万种颜色。但在色彩模拟中颜色是连贯的，所以实际上颜色的数量是无法计算的。

　　虽说人眼可以分辨出 100 万种颜色，但分辨颜色、感知颜色的方法存在巨大的个体差异。所以以人们通常的认知为基础，给各种颜色进行了命名。但即使面对同样的色名，每个人联想到的颜色也不尽相同。而将不同的颜色进行组合，

ENTER

调节其中各个颜色的占比也会影响人对其的感知。此外，根据光线的强弱和质感，颜色也会呈现出不同的色调。

本书选取了日常生活中的色名、惯用色名、日本和欧美各国的传统色名等一共 367 种颜色，对其由来和历史等进行解说，并配有颜色样本。就像之前所说的，对各个色名进行限定，再将其定义是不可能的，而要达到准确再现颜色的质感和光泽也是不可能做到的。很多古老色名原本的颜色已经失传，资料中的色名和颜色也是各式各样的，也有很多是根据推测和想象尝试还原的颜色。本书一并记载的 CMYK 数值是为了方便印刷而使用的，说到底也只能作为参考。

色彩的感觉，根据时代、文化以及个人感受的不同呈现出流动的状态。而这种暧昧不清也正是其有趣之处。美丽的颜色、美丽的色名，每一个蕴含的美妙含义，如果能根据个人喜好来品味、游玩其中，那是再好不过了。

目 录

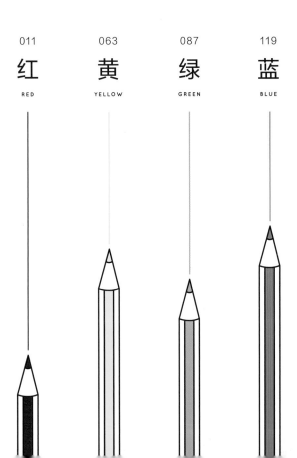

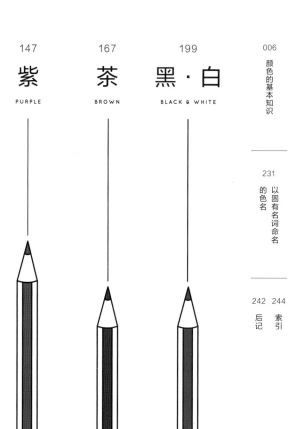

颜色的基本知识

颜色的再现——
三原色ＣＭＹ

减法混色（ＣＭＹ）

以"色料三原色"，即青色（C）、品红（M）、黄色（Y）三种颜色混合表现色彩的模式被称为减法混色。将不同颜色进行叠加会变暗，将所有颜色叠加就会得到黑色。在彩色印刷和照片打印中常用这种手法来重现色彩。但实际上，仅将这三种颜色混合得到的不是黑色，而是浊褐色。正因如此，在印刷时，人们会采用加入了黑色的四原色（CMYK）来弥补这种不足。此处为了不和加法混色（RGB）中表示蓝色的 B 产生混淆，用"K"来表示黑色。K 并非来自日语中"黑色"的读音"kuro"，而是来自"Key plate"（主板）的首字母"K"。减法混色呈现的是光被反射后的颜色。

颜色的再现 ——
三原色 RGB

加法混色 （RGB）

加法混色是将"光学三原色"，即红（R）、绿（G）、蓝（B）以不同比例混合从而产生各种颜色的混色方法。颜色越混合越亮，三种颜色一起混合会得到白色。我们在电视、电脑和手机屏幕、聚光灯中看到的光和色彩都是通过加法混色来实现的。现在大多数电子屏幕中 RGB 各有 256 级亮度，总共能组合出 16 777 216 种颜色。加法混色通过吸收外界的光来呈现。

分辨颜色 颜色的三种属性

色相

色相指色彩的首要特征，如红色、黄色、绿色、蓝色等。将不同色相的颜色依序排列可以形成一个连续的色相环。色相环中 180 度相对的颜色称为互补色。

明度

不同色相的颜色根据明暗程度可以产生更多的变化。在各种颜色中，黑、白、灰色不具备色相的特征而被称为无彩色，仅用明暗进行分类。

彩度

彩度指色彩的纯度，通常以某色彩中所含彩色成分的比例来分辨彩度的高低。

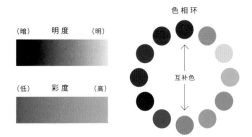

(暗)　　明度　　(明)

(低)　　彩度　　(高)

色相环

互补色

色名的种类

基本颜色词

　　白、黑、红、黄、绿、蓝是人们可以感知到的六种主要颜色。不论哪个民族、哪种文化，这六种颜色都是共通的，并且有相对应的表达方式。而在这六种基本颜色中加入紫色，就构成了日本的基本颜色词。

基本色名

　　3种无彩色（白、灰、黑），10种有彩色（在基本色红、黄、绿、蓝、紫中加入红黄、黄绿、蓝绿、蓝紫、红紫）共13种颜色。

系统色名

　　在13种基本色名中，通过与明度（明、暗）、色相（红、黄、绿、蓝、紫等）、彩度（鲜艳的、暗淡的、浑浊的、深的、浅的等）之类的修饰词相结合来表现颜色的不同。

固有色名

　　有很多利用普通事物来命名颜色的色名，比如桃色、空色等，分别表示桃子和天空的颜色。

CHAPTER. 1

RED

红

（ あ か ）

　　红色，是加法混色（RGB）三原色中的一种，也是绯色、胭脂色、朱红色等颜色的统称。日语中红色（赤，あか）的语源是"明（あか·あけ）"，与表示黑色的"暗（くら·くろ）"相对应，所以红色的色名也被认为是来源于光的明暗表现。不仅是在日语中，红色在很多语言中都是最古老的颜色色名。红色是暖色的代表，是兴奋色和激动色，是带有号召力的醒目颜色。红色也象征着"阳""热量""力量""战斗""革命""鲜血""爱情""热情""欲望"等，是所有颜色中象征意义最广的颜色。

No. 001

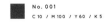

No. 001
C 10 / M 100 / Y 60 / K 5

红 色

（べにいろ）

　　红色，取自菊科一年生草本植物红花花瓣的红色色素，是带有紫色的鲜艳的红。红花原产自埃塞俄比亚和阿富汗等地，自古开始在世界范围内广泛栽培。红花经丝绸之路传入日本，奈良时代人们将它用作化妆品中的红色染色剂。

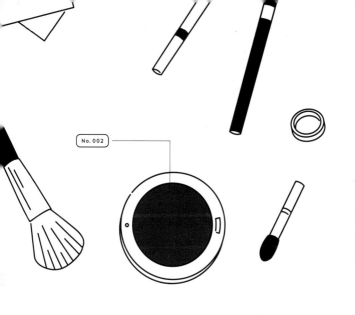

No. 002

No. 002
C 15 / M 100 / Y 75 / K 10

鲜红色

（くれない）

鲜红色是用红花染出来的颜色，和红色几乎相同，但因其在染制衣料时使用黄色做底，所以形成了稍带黄色的颜色。鲜红色的日文"くれない"是经"吴（くれ）蓝（あい）"变化而来，最初表示从中国（吴）传来的蓝色。

No. 003
C 30 / M 100 / Y 100 / K 20

深红 · 真红

（しんこう・しんく）

意指"真正正统的红色"，是明度较暗的红色，也被称为浓红，是仅用红花染制而成的颜色。用茜草、苏木染成的红色分别叫似红和纷红。

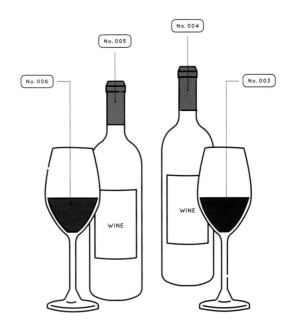

No.004

C 0 / M 70 / Y 35 / K 10

薄 红

（うすべに・うすくれない）

薄红指浅红色，也被称为薄色。通常情况下，薄色指用紫草染成的浅紫色，但仅用红花染成的浅红色也可以使用薄色这个色名。

No.005

C 10 / M 60 / Y 35 / K 15

退 红 · 褪 红

（たいこう）

指红花染成的浅红色，一般比薄红更深一些。"退"意味着"减少、消减"，在这里形容经过冲洗一般的颜色。平安时代，红花价格高昂且十分珍贵，因而用红花染成的红色被列为禁色，但退红是被允许使用的。

No.006

C 15 / M 100 / Y 100 / K 5

唐 红 · 韩 红

（からくれない）

指红花染成的深色，是特别鲜艳的红色。因红花价格昂贵，用红花染制而成的红色也就成了非常高贵的颜色。为了表达对这种从唐代中国和朝鲜传入日本的、鲜艳红色的叹赏和称赞，特地用"唐"和"韩"来命名。

No. 007
C 5 / M 75 / Y 30 / K 0

红 梅 色

（こうばいいろ）

指像梅花一样的红色，是带有黄色的浓粉色。红梅色作为象征早春的颜色，在历史文献中多有出现。红梅色有"深红梅""中红梅""薄红梅"等丰富的变化。

No. 008
C 0 / M 15 / Y 10 / K 0

一 斤 染

（いっこんぞめ）

指用一斤（旧制，约六百克）的红花染一匹布呈现的、稍带黄色的淡粉。一斤染也是日本十二单[1]代表性的色彩搭配中自古就有的颜色，即便是级别不高的官吏也可以使用这种颜色。

―――――
1 　十二单：十二单（じゅうにひとえ），又称女房装束或五衣唐衣，是日本公家女子传统服饰中最正式的一种。（译者注）

No. 009
C 10 / M 80 / Y 45 / K 5

今 样 色

（いまよういろ）

今样色意味着"现在正流行的红花染成的颜色"，也就是平安时代的"流行色"。对于今样色，有认为其是淡粉色、深紫红色等多种说法，但一般指比红梅色深一些的颜色。

■ No. 007 - A
C 10 / M 85 / Y 40 / K 5

■ No. 007 - B
C 5 / M 75 / Y 30 / K 0

■ No. 007 - C
C 0 / M 40 / Y 20 / K 0

深红梅

中红梅

薄红梅

（こきこうばい）

（なかこうばい）

（うすこうばい）

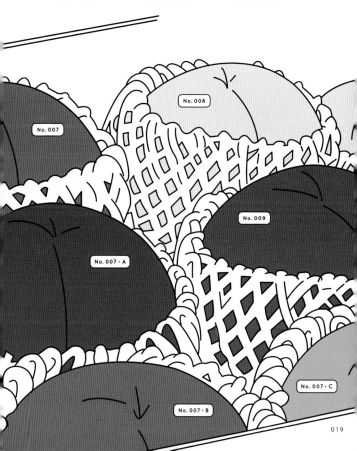

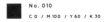

No. 010
C 0 / M 100 / Y 60 / K 30

茜 色

（あかねいろ）

茜草科广泛分布于东亚，属多年生草质攀缘藤木。茜色指用茜草的根染出的颜色，是带有黄色和黑色的浓红色。在日本，茜色拥有和蓝色一样悠久的历史。"茜（あかね）"字源自"赤根（あかね）"，意味着"红色的根"。西方国家自古也使用茜来染色。

No. 010

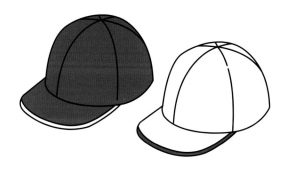

 No. 011
C 5 / M 95 / Y 100 / K 0

绯 色

（ひいろ）

绯色指经茜染后带有些许黄色的鲜艳红色，是从平安时代就开始使用的古老色名。原本"绯"在日语中读作"あけ"，和红色的语源"明（あか・あけ）"相同，也被认为是来自光的明暗表现。后来也有说法认为绯色的读音"ひいろ"是从"火色（ひいろ）"而来。

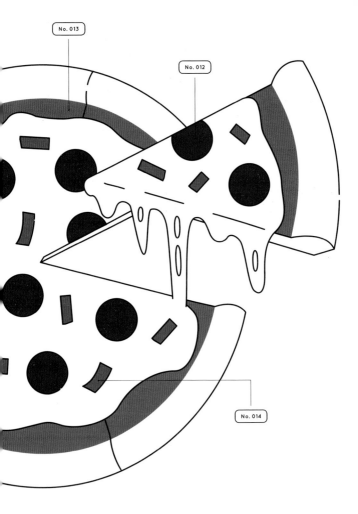

No. 013

No. 012

No. 014

No. 012

C 20 / M 95 / Y 90 / K40

深绯

（こきひ・ふかひ）

深绯指浓绯色，用茜根和紫根交叉染制而成，是带有紫色的红。平安时代的法令集《延喜式》[1]所规定的官服颜色中，深绯是仅次于紫色的高级官服颜色。深绯也读作"こきあけ"，是从飞鸟时代起就有的古老色名。

———

1 《延喜式》：平安时代由醍醐天皇命令藤原时平等人编撰的一套律令条文。其中对于官职和礼仪有着详尽的规定。

No. 013

C 0 / M 80 / Y 50 / K 15

浅绯

（うすあけ・あさひ）

浅绯是用茜根薄染而成的绯色，也被称为绯褪色。《延喜式》中，浅绯是仅次于深绯的官服颜色。在日语中，可以从"思ひ"（意为思念）的"ひ"联想到"火"和"绯"[1]，因此绯色成了表达强烈思念的"思念之色"，在歌曲中也多有唱咏。

———

1 日语中"火"和"绯"的读音都是"ひ"。

No. 014

C 5 / M 90 / Y 95 / K 0

猩猩绯

（しょうじょうひ）

猩猩绯是带有黄色的鲜艳的红色。关于色名的由来，有说是由猩猩（中国神话传说中的野兽）的血衍生而来，也有说是来自能剧[1]《猩猩》中服装的颜色等，说法不一。战国时代，猩猩绯受到武将喜爱，武将们常穿着猩猩绯色的阵羽织[2]。

———

1 能剧：日本一种代表性的传统戏剧。这类剧主要以日本传统文学作品为脚本，在表演形式上辅以面具、服装、道具和舞蹈组成。
2 阵羽织：日本战国时期流行的一种衣物，由绢等材料织出来的无袖羽织，再配合上铠甲或保护物穿上，亦被称为具足羽织。

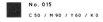

No. 015
C 50 / M 90 / Y 60 / K 0

苏枋

（すおう）

苏枋色由豆科植物苏枋的树皮煎煮后染成，是带紫色的暗红色。苏枋色也被写作苏芳、苏方、朱枋。苏枋在奈良时代传入日本后，作为价格高昂的红花和紫色的代替品而被普及。苏枋薄染后会得到薄苏枋，也叫浅苏枋。

No. 015 - A
C 25 / M 75 / Y 30 / K 0

薄苏枋 · 浅苏枋

（うすすおう · あさすおう）

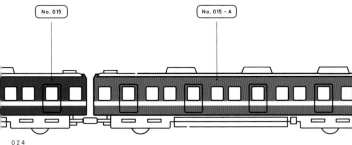

No. 015

No. 015 - A

No. 016
C 35 / M 100 / Y 75 / K 10

胭脂·燕脂

（えんじ）

胭脂色是带有浓紫色的红色。据说它来自中国古代燕国的一种鲜红色染料，但具体是什么样的颜色现在无从得知。胭脂色不是日本的传统色名，相传明治时代，使用人工染料制作出的鲜艳红色成为当时的潮流色并开始流行，胭脂色才作为一般色名被固定下来。

No. 017
C 0 / M 60 / Y 55 / K 0

东云色·曙色

（しののめいろ·
あけぼのいろ）

指拂晓时东方天空的颜色，是朦胧的黄红色。江户时代开始，东云色才开始作为染色名和普通花朵颜色之外的色名使用，随着染色技术的提高，颜色的细分成为可能。

No. 016   No. 017

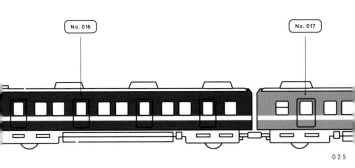

No. 018
C 0 / M 90 / Y 100 / K 5

朱色

（しゅいろ）

朱色是泛黄的鲜红色，由一种以硫化汞为主要成分的天然染料而来，历史悠久。在中国的阴阳五行中，朱色是五方正色的一种，在古代是权力和威严的象征。在日本，朱色也常用于鸟居[1]和印泥，是人们常用且熟悉的一种颜色。但"朱"这个名字却是在昭和初期才确定下来的。

---

1 鸟居：指类似牌坊的日本神社附属建筑。

No. 019
C 0 / M 60 / Y 65 / K 30

赭 · 朱 · 赭土

（そお · そおに · そぼに）

赭土是以氧化铁为主要成分的红色土，指暗沉的黄红色。赭土经过燃烧可以制成颜料。将赭土的颜色作为赭土色的历史由来已久，在日本最古老的史籍《古事记》中可看到相关记载。

No. 020
C 5 / M 60 / Y 50 / K 10

真赭 · 真朱

（まそお）

真赭指"真正的赭色"，是用中国古代辰州[1]出产的朱砂制作出的天然染料染制而成。其原本的含义在历史流转中已经丢失，经过多次推测便有了现在的颜色数值和含义。与朱色相比，真赭色带有一些紫色，更暗一些，但其原本是否如此已不得而知。

---

1 中国古代辰州：今湖南省辰溪一带。

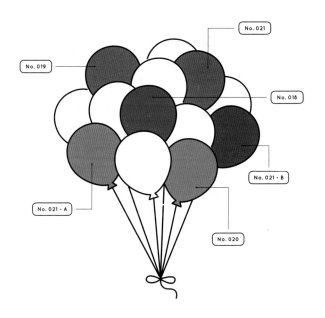

No. 021
No. 019
No. 018
No. 021 - B
No. 021 - A
No. 020

No. 021
C 0 / M 85 / Y 90 / K 0

银 朱

（ぎんしゅ）

No. 021 - A
C 0 / M 70 / Y 75 / K 0

洗 朱

（あらいしゅ）

No. 021 - B
C 5 / M 85 / Y 90 / K 20

润 朱

（うるみしゅ）

　　与从天然染料中提取的"真朱"相反，银朱指的是使用硫黄和水银等材料人工制作而成的朱色。朱色的墨和印泥都是通过烧水银得到的。像是洗刷过的朱色，泛黄的薄红色叫做洗朱，泛黑的朱色漆涂成的红色则叫做润朱。

No. 022
C 25 / M 75 / Y 85 / K 0

代赭色

（たいしゃいろ）

代赭色是带有些许暗黄色的红。代赭指一种由土制作而成的红色颜料，这种土含有大量的赤铁矿，出产自中国山西省代州。现在，由于这种红色颜料可以从四氧化三铁中提取再人工制作，所以仅有色名保留了下来。代赭是日本画和彩墨画中常用的颜料。

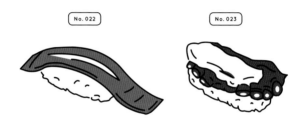

No. 022   No. 023

No. 023
C 25 / M 85 / Y 90 / K 25

弁柄色·红壳色

（べんがらいろ）

弁柄色是暗黄的红色，由产自孟加拉国的一种染料染成，其日语读作"bengarairo"，来自葡萄牙语"bengala"。弁柄织是江户时代流行的舶来品，这是一种由丝和棉交叉织成的布。弁柄织的名字中虽然有"弁柄"二字，但其颜色不一定都是红色。

No.024
C 10 / M 80 / Y 90 / K 0

赤丹·铅丹·丹色

（あかに・えんたん・にいろ）

赤丹指红壤或红色颜料的颜色，铅丹指加入硫黄或硝石后烧制出的硫化铅的颜色。丹色通常可以指代所有红色，但与朱色相比，带有些许茶色。现在铅丹也常用于陶瓷器的釉药或防锈剂的涂料中。

No.024　　　　　　No.025

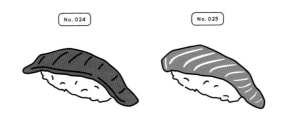

No.025
C 0 / M 65 / Y 75 / K 0

黄丹

（おうに・おうたん）

黄丹，顾名思义指同时带有黄、丹（红）两色的颜色，是深橘色。黄丹是皇太子黄袍上使用的颜色，而天皇专用的黄袍使用的则是黄栌染，因此黄丹是比黄栌染低一级的禁色。据《延喜式》中记载，黄丹是由栀子花和红花染制而成的颜色。现在，皇太子黄袍的颜色依然沿用黄丹色。

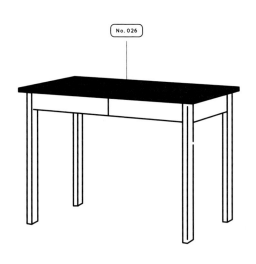

No. 026

No. 026
C 35 / M 80 / Y 50 / K 60

海老色 · 虾色 ·
葡萄色

（えびいろ）

野葡萄成熟后的颜色，呈浓烈的暗紫色。"野葡萄"原本是所有葡萄科植物的古称，但因为这种颜色与山葡萄果实成熟后的颜色相近，于是就有了葡萄色这个说法。随着时代发展，葡萄色经常和龙虾壳的颜色混为一谈，因此葡萄色也可以写成"海老色"[1]或"虾色"。

---
1 日语中"海老"即为"虾"的意思。

No. 027

C 40 / M 90 / Y 100 / K 65

海 老 茶 · 虾 茶 ·
葡 萄 茶

（ え び ち ゃ ）

葡萄茶指泛暗红的茶色。明治三十年间，女学生或女教师常穿着葡萄茶色的袴，这一举动被视为对平安时代的才女紫式部的模仿，因此她们也被称为"葡萄茶式部"。

No. 028

C 0 / M 15 / Y 5 / K 0

樱 色

（さくらいろ）

　　樱色即樱花的颜色，是带有些许紫色，用红花薄染而成的颜色。樱色常常被用来形容微红的脸颊或肌肤。英语中相应的色名有"Cherry"或"Cherry pink"，但这些都不是樱花花瓣的颜色，而是樱桃果实表皮的颜色。

No. 029

C 0 / M 60 / Y 30 / K 0

桃 色

（ももいろ）

　　桃色即桃花的颜色，是泛着黄色的粉红色。古时，桃色指"桃染"呈现出的颜色。现在桃色常常用于与性有关的联想上，但这只是日本特有的现象。在中国，桃蕴含着除魔驱邪的能力，是长寿的象征。

No. 030

C 5 / M 55 / Y 15 / K 0

石 竹 色

（せきちくいろ）

　　石竹色是石竹科多年生草本植物石竹花的颜色，是微微泛紫的粉红色。石竹是秋之七草的一种。英文色名中的"Pink"是石竹科石竹属植物花的颜色的统称。

No. 030 - A

C 0 / M 60 / Y 30 / K 0

Pink

No. 028 - A
C 0 / M 100 / Y 85 / K 30
Cherry

No. 028 - B
C 0 / M 80 / Y 10 / K 0
Cherry Pink

No. 029

No. 028 - A

No. 028

No. 030 - A

No. 030

No. 028 - B

No. 032

No. 032 - A

No. 031

No. 031
C 15 / M 80 / Y 0 / K 0

牡 丹 色

（ぼたんいろ）

牡丹色是芍药科落叶灌木植物牡丹花的颜色，是鲜艳的红紫色。平安时代，牡丹色是一种用于公家女性衣物上的颜色。直到明治时代后期，化学染料传入日本后，"牡丹色"这个色名才被固定下来，是一种比较新的色名。

No. 032
C 5 / M 95 / Y 15 / K 0

踯 躅 色

（つつじいろ）

踯躅[1]色是杜鹃科落叶灌木踯躅花的颜色，是鲜艳的紫粉色。日本传统色名中并没有"踯躅色"，然而踯躅色却是属于日本春季衬袍的颜色。西方国家踯躅花的颜色"Azalea"是更加明亮、更接近粉色的颜色。

---

1 踯躅：杜鹃花的别名，又名映山红。

No. 032 - A
C 0 / M 85 / Y 15 / K 0

Azalea

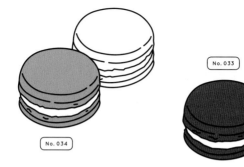

No. 033

No. 033
C 15 / M 90 / Y 30 / K 0

玫瑰色 ·
浜茄子色 [1]

（まいかいいろ・
はまなすいろ）

指蔷薇科落叶灌木浜茄子花的颜色，是带有鲜艳紫色的浓烈粉色。浜茄子色并不是日本固有的传统色名，明治初期，文部省刊发的色彩图鉴中，将从浜茄子根部提取的染料染制而成的颜色作为玫瑰色，由此"浜茄子色""玫瑰色"才被作为色名使用。

1 浜茄子：在日语中表示野玫瑰。

No. 034
C 0 / M 45 / Y 40 / K 5

朱华色 · 唐棣色

（はねずいろ）

指蔷薇科灌木唐棣花的颜色，是泛黄的浅橙色。日语中的"はねず"是庭梅的古称，《万叶集》中亦有出现，也有说法同是石榴花的古称。平安时代，唐棣色因和黄袍使用的黄丹色相近而被当作一种禁色。

鸨色·朱鹮色

（ときいろ）

指朱鹮科鸟类朱鹮起飞时展露的拔风羽和尾羽的颜色，是泛着淡淡黄色的粉色。一直到江户时代，朱鹮都是日本常见的鸟类，朱鹮色也是人们所熟悉的颜色。日本传统色名中没有使用动物名字命名的，直到江户时代，这一传统被打破，常见的动物名字开始出现在色名中。

No. 035

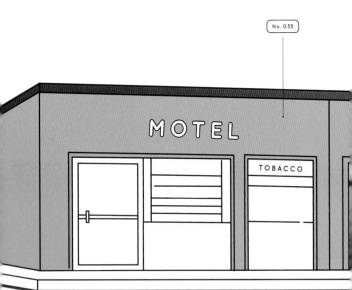

珊 瑚 色 ·
珊 瑚 朱 色

（さんごいろ・
さんごじゅいろ）

指红珊瑚的颜色，是带有红、黑两色的浓红色。日本人很早以前就意识到了红珊瑚作为珠宝的价值，便将其打磨并做成簪子等饰品，红珊瑚也因此受到人们的珍视。现在说起珊瑚色，多让人联想到英语中的"Coral Pink"。

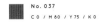

No. 037
C 0 / M 80 / Y 75 / K 0

柿色

（かきいろ）

柿色即柿子果实的颜色，是带有黄色的明亮的红色。柿核液的颜色则与赤茶色相近。浅浅的柿色仿佛是经过水洗、日晒后的颜色，因此也被称为洗柿或晒柿。将柿核液涂在纸上，晒干后所呈现的深暗的黄红色叫涩纸色。

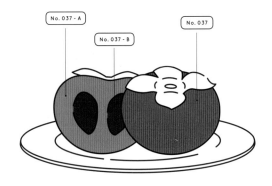

No. 037 - A

No. 037 - B

No. 037

■ No. 037 - A
C 0 / M 60 / Y 55 / K 5

洗柿·晒柿

（あらいがき·
しゃれがき）

■ No. 037 - B
C 15 / M 55 / Y 60 / K 50

涩纸色

（しぶかみいろ）

No.038
C 0 / M 75 / Y 50 / K 55

小豆色

（あずきいろ）

小豆色是豇豆属一年生草本植物小豆的果实的颜色，是带有黄色的深红色。《古事记》中对小豆色的色名也有记载。在日本，小豆的红色被视为可以驱魔除恶的颜色，日本人有在寒冷的冬至时节吃小豆粥的习惯。

No.039
C 40 / M 60 / Y 40 / K 30

减 赤

（けしあか）

减赤是带有灰色的红色。在日本的传统色名中，通常会在色相较弱的颜色色名中加入"锖""钝""减"等形容词。如果色彩给人枯萎颓败的感觉，便会在色名中加入"减"字，"减赤"就是如此。

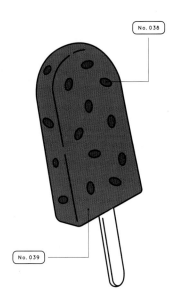

No.038

No.039

No. 040

No. 041

NOTE
BOOK

NOTE
BOOK

No. 042

No. 040
C 10 / M 100 / Y 55 / K 10

绯红 · 胭脂虫红

(Crimson · Carmine)

绯红和胭脂虫红都是带有淡淡蓝色的、浓烈明亮的红色，语源来自拉丁语中的"Carminus"。两种颜色都以从贝类虫中提取出的色素作为原料，但不同的是，胭脂虫红的颜色来自拉丁美洲的胭脂虫，而绯红的颜色来自栖息于地中海沿岸的蜡蚧属昆虫的雌虫。

No. 041
C 0 / M 95 / Y 95 / K 0

猩红色

(Scarlet)

猩红色是闪亮鲜艳的红色。从10—11世纪起，猩红色就已作为色名而为人所知。猩红色是红衣主教这一职位的象征，是高贵的色名，但同时它也包含着通奸、淫荡等罪名的意味。"Scarlet"可以与日本传统色名中的"绯色"相对应，但与由茜染而成的"绯色"不同，"Scarlet"是从胭脂虫中提取的带有黄色的红色。

No. 042
C 10 / M 90 / Y 50 / K 40

枢机红

(Cardinal)

天主教教会中职位仅次于教皇的枢机所穿戴的帽子，以及主教服上使用的红色就是枢机红。主教佩戴的红色帽子使用了象征其地位的猩红色，猩红色与枢机红在使用功能上相近，但两者在色名上有所区别。

 No. 043
C0 / M85 / Y90 / K0

火红色

(Fire Red)

火红色是如火焰一般的红色。这种红泛着黄色，接近于橙色。因为用染料或颜料无法复刻出火或火焰的颜色，所以带给人燃烧印象的火红色，就常常被用来表现燃料或活力四射的状态。在日本，绯色的语源是"火色"（hiiro），二者虽读音相同，但在色彩表现上有所区别。

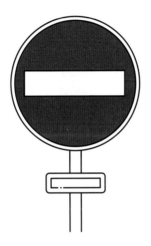

No. 044
C 0 / M 95 / Y 70 / K 0

信号红

（Signal Red）

　　交通信号灯中红灯的颜色即是信号红，这是一种高彩度的鲜艳红色。日本产业革命的发展使得交通治理成为问题，而在产业革命后的 1902 年，信号红以英文"Signal Red"首次在日本登场。因红色在远距离内辨识度高，因此在需要远距离识别的场景下，会优先选择红色。

No. 045

C 0 / M 95 / Y 50 / K 20

茜 草 红

（Madder Red）

　　茜草红是由地中海沿岸的西洋茜草染色而成，古罗马和拜占庭时期受到人们喜爱，对平民来说也是十分熟悉的颜色。如果控制媒染剂的种类和量，还会呈现出棕色和紫色等微妙的颜色变化。

No. 046

C 10 / M 95 / Y 70 / K 20

土 耳 其 红

（Turkey Red）

　　土耳其红是通过染色鲜艳的茜草得到的、不含紫色的浓红色。色名源于土耳其人戴的帽子的颜色。制作土耳其红，需要在自印度传入土耳其的东洋茜草色素中加入石灰和明矾等媒染剂，因此土耳其红也被称为"东洋红"。

No. 046

No. 045

庞贝红

(Pompeian Red)

位于意大利的庞贝古城遗址中发掘出的贵族宅邸上的壁画《狄奥尼索斯秘仪图》，这幅画的背景便是庞贝红。古城中大量使用了价格高昂且珍贵的朱砂。庞贝古城的研究者们从经过修复的湿壁画中选取了尤为鲜艳明亮的红，并于1882年将其命名为庞贝红。

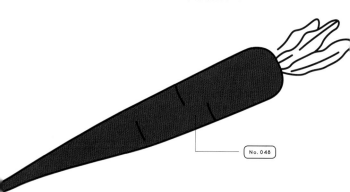

No. 048

No. 048

C 0 / M 75 / Y 50 / K 55

氧化铁红 · 印第安红 · 威尼斯红

(Oxide Red · Indian Red · Venetian Red)

氧化铁红、印第安红、威尼斯红都是指氧化铁的浊红色。氧化铁是人类最古老的矿物性颜料，旧石器时代的洞窟壁画中也使用了氧化铁。中世纪时期，"水城"威尼斯汇集了来自世界各地的色材，尤其是原产于印度的氧化铁，因此被称为"威尼斯红"，受到了文艺复兴时期画家们的青睐。

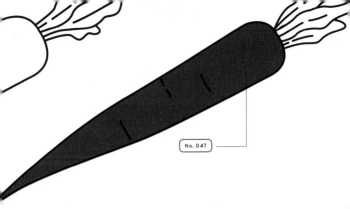

No. 049
C0 / M85 / Y85 / K0

朱 红 色

(Vermilion)

朱红色指通过硫化汞制作的人工颜料呈现出的红色。与日本传统色中的朱色相比,朱红色略微偏黄。9世纪,朱红色作为一种矿物颜料,由炼金师从汞和硫黄中提取而得。到16世纪,已经有了比硫化汞更便宜的物质制作朱红色。

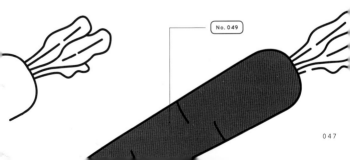

No. 050
C 10 / M 90 / Y 95 / K 0

罂粟红·虞美人红

(Poppy Red · Coquelicot)

罂粟红即像罂粟花一样鲜艳的、泛黄的红色。欧洲的田间地头随处生长着的罂粟花，尤其受到法国人的喜爱。在日本，因罂粟花花瓣轻薄、纤细又透露着妖艳气质，容易使人联想到中国古代的美女，故也被称为"虞美人"。

No. 051
C 0 / M 80 / Y 35 / K 5

山茶红

(Camellia)

山茶红是山茶科的常绿乔木山茶花的颜色，是近似于红色的鲜艳浓粉。原产于东洋的茶花在 17 世纪传入欧洲，19 世纪后半叶，茶花因大仲马的文学作品《茶花女》而受到大众广泛追捧，山茶红的色名也由此而来。日本的传统色名中没有"山茶红"。

No. 052
C 5 / M 45 / Y 10 / K 0

莲花粉

(Lotus Pink)

如莲花科多年生草本植物莲花的颜色一样，带有黄和紫的粉色就是莲花粉。莲是最古老的植物之一，在佛教中也被视为神圣之物。在古埃及，莲花象征着轮回和复活，受到人们的尊敬。

No. 050

No. 051

No. 052

No. 053

C 0 / M 95 / Y 40 / K 0

玫瑰红

（Rose Red）

玫瑰红在红色系中指蔷薇花的颜色，是略微带些紫色的、明亮鲜艳的红。日语中的"蔷薇色"没有特定的颜色，蔷薇色可以用来描写气血充足的红色脸庞、充满希望的世界，等等。

No. 053

No. 054

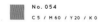

No. 054

C 5 / M 60 / Y 20 / K 0

玫瑰粉·玫瑰色

（Rose Pink·Rose）

玫瑰粉是带有黄色和一点蓝色的粉色。在欧洲，玫瑰自古以来就具有许多象征意义，亦受到人们喜爱。早在13世纪的文献中就已将其作为色名来使用。在法国，玫瑰粉指所有粉色系的颜色，细分的话有好几种色调和色名。

浅粉色是一个较新的色名，20世纪初期之后才开始使用。在西方，女婴服装的标准色就是浅粉色，是带有些浅蓝的淡淡粉色。后来，这种颜色不只用于婴儿服上，所有浅粉色系的颜色都可以被称为浅粉色。

浅粉色 ·
浅玫瑰色

（Baby Pink · Baby Rose）

No. 055

No. 056

灰玫色是带有灰色的玫瑰色。"Old" 代表"暗的""微暗的"，在表现微暗的颜色时，也会使用"Antique" 进行修饰。灰玫色也被称为"玫灰色"或"灰玫瑰色"。

灰玫色

（Old Rose）

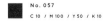

No. 057

C 10 / M 100 / Y 50 / K 10

树 莓 色

（Rasberry ·
Framboise）

指如蔷薇科灌木树莓的果实一般的浓紫红色。树莓自古在欧洲广泛栽培，除了直接食用，也被用来做糕点、果酱、酿酒等。特别是在法国，树莓系的果实深受人们喜爱，不同的果实还能延伸出对应的颜色和色名。

No. 058

C 0 / M 20 / Y 25 / K 0

水 密 桃 色

（Peach）

水密桃色是泛黄的淡粉色。在日本和中国，桃色指桃花的颜色，但在西方，桃色指桃子去皮之后果肉的颜色。桃子原产于中国，公元前传入欧洲。

No. 058

No. 057

No. 059

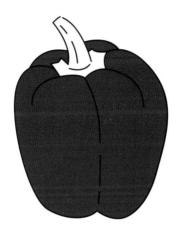

No. 059
C 15 / M 95 / Y 80 / K 5

柿子椒色

（Pimento）

即柿子椒的红色，这里柿子椒色并不是指新鲜柿子椒的颜色，而是指加热后呈现出的稍暗的红色。在日本，柿子椒多是绿色的，红色的一般是辣椒，但在法国，柿子椒被默认为是红色的。

No. 060

C 0 / M 65 / Y 50 / K 10

虾粉色

(Shrimp Pink)

指小虾蒸熟后虾壳的颜色，是略有些黄调的红粉色。比小虾稍微大一些的凤尾虾，也就是对虾，在法语中也有与其相对应的像是"Crevette"等各种色名。但它们基本上都是指煮熟后的虾壳颜色，非常相似。

No. 061

C 0 / M 55 / Y 40 / K 0

鲑鱼粉

(Salmon Pink)

指鲑鱼肉的颜色，是泛着橘色的粉色。即使是对鱼类区分并不那么讲究的英国，鲑鱼粉也是从很早以前就有的色名，这或许是因为新鲜的鲑鱼肉给人留下了十分强烈的视觉冲击吧。

No. 062

C 40 / M 100 / Y 60 / K 30

酒红 · 波尔多红

(Wine Red · Bordeaux)

指红葡萄酒浓暗的紫红色。在欧洲，几乎所有地方都生产葡萄酒，但以法国南部波尔多出产的葡萄酒最为出众，因此波尔多也成了红葡萄酒的代名词。从 19 世纪开始，波尔多红也用来指代红葡萄酒的颜色。

No. 063
C 60 / M 100 / Y 100 / K 30

勃艮第红

（Burgundy）

勃艮第是法国东南部地区 Bourgogne 的英文发音读法，产自这个地区的红葡萄酒的颜色就是勃艮第红。勃艮第红是饱含黑色的紫红色。在法国，勃艮第红所指的颜色比勃艮第葡萄酒的颜色更加暗沉、浑浊，可能是在运输和保存过程中红酒的品质劣化所导致。

■ No. 063 - A
C 35 / M 100 / Y 45 / K 0

勃艮第葡萄酒

（Bourgogne）

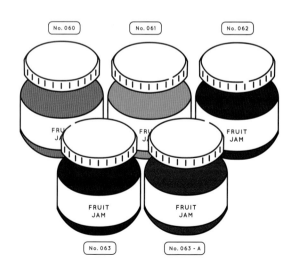

No. 060　No. 061　No. 062

FRUIT JAM

FRUIT JAM　FRUIT JAM

No. 063　No. 063 - A

No. 064

C0 / M80 / Y50 / K0

火烈鸟色

（Flamingo）

　　即火烈鸟科大型鸟类火烈鸟的羽毛的颜色。火烈鸟羽毛的颜色既可以指淡淡的粉色，也可以指鲜艳的红色，跨度很大。但火烈鸟色指的是带有黄调的浓粉色，语源来自拉丁语中意味着火焰的"Flamma"，是一种源自羽毛的红色。

No. 065
C 0 / M 50 / Y 35 / K 0

No. 066

珊瑚粉

(Coral Pink)

　　指粉色珊瑚的颜色，是带有黄调的明亮粉色。在东方，红色珊瑚被视为珍贵之物。而在西方，红色珊瑚较容易获得，反而是较少见的粉色珊瑚更加珍贵。16 世纪起就有将"Coral"作为色名的记载，但其指代的并不是红色，而是粉色。

No. 066
C 0 / M 30 / Y 15 / K 0

贝壳粉

(Shell Pink)

　　指贝壳内侧的淡粉色，也就是樱蛤的颜色。日本也有樱蛤，虽然樱蛤早在平安时代开始就用于和歌中，但当时的日本并没有用动物名字来给颜色命名的习惯，所以在日本的传统色中也就没有与樱蛤颜色相对应的色名。

No. 067
C 30 / M 100 / Y 50 / K 0

红宝石色

（Ruby）

指像红宝石一样有透明感的、明亮鲜艳的紫红色。中世纪时，红宝石是浪漫的象征。自 16 世纪开始，红宝石就已经被用于色名了。透明度高、深红色的红宝石因颜色像鸽子血而被称为"鸽血红宝石"，非常珍贵。

No. 067

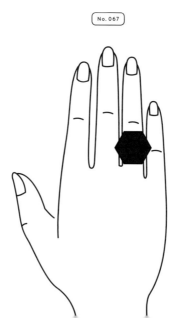

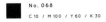

No. 068

C 10 / M 100 / Y 60 / K 30

石榴石色

（Garnet）

指石榴石宝石的颜色，是比红宝石色稍微暗一些的红色。从 18 世纪开始，"石榴石色"作为色名使用。因其颜色和石榴果实的颜色相近，所以与之类似的深红色都被称为石榴色。

No. 068

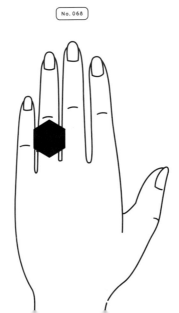

No. 069   No. 070   No. 071

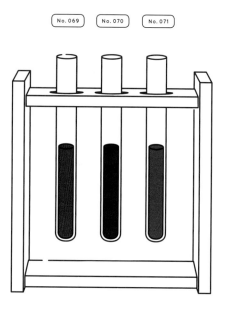

No. 069
C 30 / M 90 / Y 100 / K 20

血红色

（Blood Red · Rouge Sang）

　　像血一般，带着浓厚紫色的红色。血红色是西方画家爱用的一种颜色。世界各地都有用红色来祛恶消灾的风俗，但在西方，会直接用血。有食肉传统的民族对血的颜色并不陌生，故会用"血"字来命名深红色。

No. 070
C 30 / M 100 / Y 60 / K 60

牛血红

（Oxblood）

　　牛血红指公牛血呈现出的暗红色。日语中的红色色名多与"日"和"火"等词相关，但在许多国家，红色系色名却与"血"有着密切关系。在欧洲，很多色名均使用动物名称，这或许与西方的狩猎传统及饲养家禽家畜作为食物的传统有关。

No. 071
C 5 / M 100 / Y 20 / K 0

洋红色

（Magenta）

　　洋红色是减法混色（CMY）三原色中的一种。1859 年，第二次意大利独立战争，即法奥战争中，为了纪念米兰近郊城市 Magenta 的马真塔战役的胜利，便将同年发现的染料命名为"Magenta"。洋红色比印刷基本色中的品红色更偏向紫红一些。

不同文化中的红

自古以来，日本的神道教中就有太阳信仰，由此红色也成为天照大神的象征色。同时，红色作为"日出之国"旭日的颜色，也出现在日本国旗中。发挥着驱魔除恶作用的红色，还用于神社的鸟居和佛教寺院的装饰用色中。中国和韩国的阴阳五行说中，红色是代表"阳"的颜色。中南美的玛雅文明中，红色是太阳的颜色，王是太阳的化身，红色也成了代表王权的颜色。同时，在玛雅文明的色彩宇宙观中，红色也是象征东方的颜色。除此之外，古代墨西哥的阿兹特克文明中也有太阳神信仰。在古埃及，红色是太阳神拉（Ra）的象征色。

另外，红色也意味着斗争和革命。在世界各国国旗中，约有 75% 使用了红色，其中大多代表了在独立斗争和革命中流下的鲜血。在欧洲的基督教文化中，自古就用红色来表示教徒的血和殉教行为。在伊斯兰教中，红色用来表示先知穆罕默德圣战时血的颜色。此外，红色作为兴奋色，常常用于战服，被将士们穿在身上。罗马帝国的战神玛尔斯（Mars）所披的红色斗篷，日本战国时期武将们穿着的绯红色阵羽织、铠甲等都使用了红色，红色令将士们斗志高昂。18 世纪普鲁士王国的军服中红色的肩章，19 世纪意大利统一运动中加里波第军的红色军服，都与现在的德国和意大利国旗中的红色有着千丝万缕的联系。此外，肯尼亚的马赛族人在狩猎时会将红色的布裹在身上，并在身体上涂抹红色。

从社会主义革命的象征"红旗"，到共产主义和激进派，都可以用"红色"来表示。

CHAPTER.2

YELLOW

黄

（き）

　　黄色是减法混色（CMY）三原色中的一种，也是黄金、棣棠、向日葵等颜色的统称。在大和·奈良时代，"黄"属于红色的范畴，《万叶集》中记载的"黄叶"指的是红叶，其颜色跨度从红色到黄色，范围很广。平安时代以后，"黄"才单独作为色名使用。黄色在有彩色中是最明亮的颜色，能使人由春天盛开的花联想到"喜悦"和"活力"，从秋天成熟的果实、谷子中感受到"丰收"。黄色明亮、引人注目的特性，使其常被用于标志等带有提醒或警告意味的事物中。

No.001
C 0 / M 5 / Y 85 / K 10

油菜花色

（なのはないろ）

即油菜科植物油菜花的颜色。实际上，油菜花色并不是指花的颜色，而是远眺油菜花田时所见到的油菜花和叶混杂在一起的颜色。因此油菜花色指的是带一些绿调的黄色。此外，带有暗绿色的黄色被称为菜籽油色、菜籽色或油色。

No.002
C 0 / M 30 / Y 95 / K 0

山吹色

（やまぶきいろ）

山吹是蔷薇科的多年生落叶灌木，山吹色即山吹花，也就是棣棠花的颜色，是带点橘色的鲜艳黄色。"山吹色"是平安时代就有的传统色名，也是仅有的用黄色花名字命名的颜色。山吹色和黄金的颜色相似，因此经常用来表现日本古时的大小金币。

No.003
C 0 / M 50 / Y 80 / K 0

萱草色

（かぞういろ・
かんぞういろ）

萱草是百合科多年生草本植物，萱草色是像萱草花一样，泛黄的明亮的橙色。平安时代的宫廷中，萱草色作为凶色被用于丧服中。同时，萱草也是"忘忧草"的别名，寄托了想要忘掉悲伤痛苦的心愿。

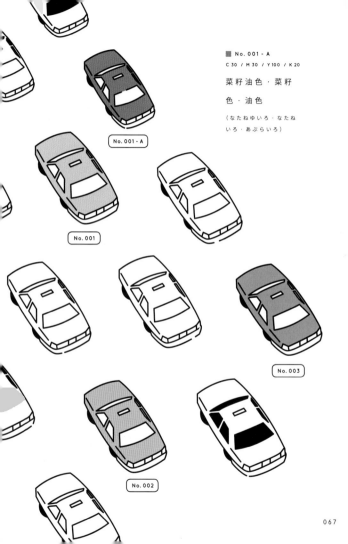

■ No. 001 - A

C 30 / M 30 / Y 100 / K 20

菜籽油色・菜籽
色・油色

(なたねゆいろ・なたね
いろ・あぶらいろ)

No. 001 - A

No. 001

No. 003

No. 002

No. 004
C 15 / M 20 / Y 90 / K 0

黄檗色 · 黄肤色

（きはだいろ）

黄檗色是用芸香科落叶乔木黄檗树的树皮染成的，泛着绿色的鲜黄色。用黄檗染过的纸和布可以防虫，常用于红花染的底染。

No. 005
C 10 / M 5 / Y 90 / K 0

刈安 · 青茅

（かりやす）

刈安也叫青茅，是禾本科多年生草本植物，与芒草很像。用刈安的叶子与茎做染料染制而成、泛着绿色的淡黄色就是刈安色。用草木就能染出持久度高的颜色实属罕见。刈安的名字来源于日语中的"刈（收割）"和"安（便宜）"，从名字就可以看出这是一种很容易获得的染料，因此刈安色主要用于地位低下的官吏和平民的衣服上。

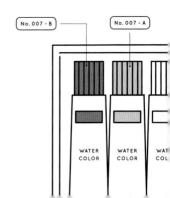

No. 006
C 5 / M 70 / Y 75 / K 0

缥色是用茜根染制而成的淡淡的红黄色，浅绯色。自古以来，缥色就用于衣服染料中。有说法称缥色起源于中国，但个中详细并不可知。也有说法称缥色来自一种名为"Sobi"的鸟类，这种鸟类腹部羽毛的颜色与缥色相似。缥色也可以写作"苏比"或"素绯"。

缥 · 苏比 · 素绯

（そひ）

No. 007
C 10 / M 35 / Y 90 / K 0

用生姜科多年生草本植物黄姜的根染成的颜色，是带有红调的、鲜艳的浓黄色。根据媒染剂的不同，郁金色可以产生丰富的变化。其中特别鲜艳的郁金色被称为黄郁金，带有红色的郁金色被称为红郁金。

郁 金 色

（うこんいろ）

No. 007 - A
C 5 / M 25 / Y 85 / K 0

黄 郁 金

（きうこん）

No. 007 - B
C 10 / M 60 / Y 90 / K 5

红 郁 金

（べにうこん）

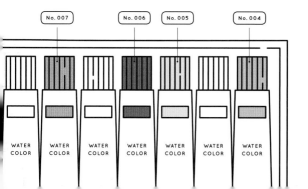

No. 008

C 0 / M 70 / Y 100 / K 0

橙皮色

（だいだいいろ）

芸香科常绿乔木橙树的果实——橙子的果皮颜色就是橙皮色，这是一种鲜艳的红黄色。橙子寓意子孙繁荣，故成为正月新年的装饰品。中药里也有用橙皮做胃药的惯例。成熟的橙子会呈现带红色的橙色，这种颜色被称为"橙黄色"。

No. 008

■ **No. 008 - A**

C 0 / M 50 / Y 90 / K 0

橙黄色

（とうこうしょく）

■ **No. 009**

C 0 / M 55 / Y 100 / K 0

蜜柑色

（みかんいろ）

蜜柑皮的颜色。在日本，蜜柑色一般指温州蜜柑的颜色，是比橙色更加明亮鲜艳的红黄色。大正时代，蜜柑色中混有一些茶色的"蜜柑茶"开始在民间流行。

■ **No. 009 - A**

C 15 / M 75 / Y 100 / K 10

蜜柑茶

（みかんちゃ）

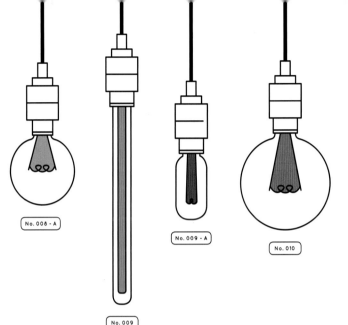

No. 008 - A

No. 009

No. 009 - A

No. 010

 No. 010
C 5 / M 65 / Y 100 / K 0

柑子色

（こうじいろ・かんじいろ）

　　芸香科常绿乔木柑子的果实的颜色，是明亮鲜艳的黄橙色。在日本传统色名中，"柑子色"读作"kanji"，比柑子的果实颜色更显黑调。明治初期文部省刊发的色彩图鉴中将"柑子色"标音为"kouji"，这种读法相对来说较为新颖。

No. 011

No. 013

No. 011 - A

No. 013 - A

No. 012

No. 011
C 5 / M 55 / Y 60 / K 0

杏色・杏子色

（あんずいろ）

No. 0 11 - A
C 5 / M 65 / Y 85 / K 0

Apricot

　　蔷薇科的落叶乔木杏树的果实成熟后呈现的颜色就是杏色，是柔和的略微暗沉的橘色。杏色在英语中被译成"Apricot"，但实际上"Apricot"比杏色拥有更高的浓度和彩度。之所以会产生这样的差异，可能与日本和西方的饮食习惯差异有关。日本习惯生吃水果或食用干燥的果实，而西方则习惯将果子做成果酱或蜜饯。

No. 012
C 0 / M 30 / Y 70 / K 0

支子色・栀子色

（くちなしいろ）

　　用茜草科的常绿小乔木栀子的果实染成的颜色，是带有红色的深黄色。自古以来，栀子的果实就被用作衣物的染料和食物的色素，但"支子色"或"栀子色"直到平安时代才成为色名。因为与红花进行套染，所以根据红色浓度的不同，支子色也分为浓支子和浅支子。

No. 013
C 15 / M 30 / Y 70 / K 0

芥子色・辛子色

（からしいろ）

No. 013 - A
C 25 / M 30 / Y 90 / K 0

和芥子色

（Mustard Yellow）

　　十字花科植物芥子的种子的颜色就是芥子色。芥子色也指芥菜种子炒熟后的颜色，是略微浑浊的黄绿色。此外还有"和芥子色"，是更偏黄一些的颜色，日本原来没有这个色名，从英文"Mustard Yellow"翻译过来后才作为色名固定下来。

鸟 之 子 色

（とりのこいろ）

像鸡蛋壳一般略微带些浅褐色的淡黄色就是鸟之子色。现在多见的来亨鸡（Leghorn）鸡蛋的白色并不是传统意义上的"鸟之子色"。鸟之子色是自平安时代就有的古老色名，也是和服使用的颜色。有一种和纸因为泛淡黄色的光泽，手感柔润，还被称为"鸟之子纸"。鸟之子色和英语中的"Egg Shell"颜色相近。

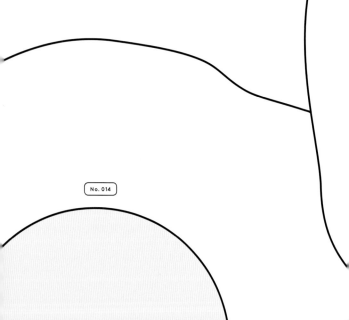

No. 014

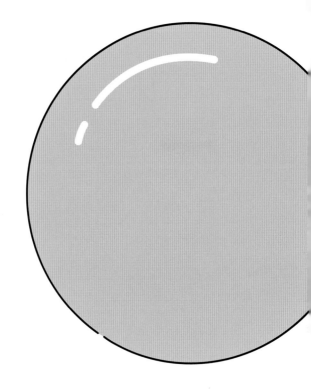

No. 015

C 0 / M 25 / Y 60 / K 0

玉 子 色 · 卵 色

（たまごいろ）

指如同鸡蛋黄一样、带有红调的黄色。"玉子色"这个色名诞生于江户时代。不同的鸡饲料导致蛋黄的浓淡程度发生变化，所以和现在的蛋黄颜色相比，玉子色要淡得多。

No. 016

C 0 / M 40 / Y 75 / K 0

雄黄

（ゆうおう）

砷的硫化物石黄的颜色，"雄黄"是石黄的古称。雄黄色是带着浑浊红色的黄色。早在公元前 2500 年的古埃及，雄黄就开始被用作颜料。因其具有剧毒性，也被叫做"Poison Yellow"。19 世纪开始，雄黄被禁止使用。

No. 017

C 0 / M 25 / Y 75 / K 0

雌 黄 · 藤 黄

（しおう）

雌黄和雄黄相对，颜色相近。与雄黄相比，雌黄中的砷含量较少，红色较弱。日本画中的黄色颜料就是雌黄。"藤黄"与雌黄在日语中的发音相同，颜色也颇为相近。但藤黄专指用产自泰国和缅甸的一种名叫藤黄的植物的树脂制成的颜色。

No. 018

C - / M - / Y - / K -

黄 金 色 · 金 色

（こがねいろ · きんいろ）

像黄金一样，带有光泽的、耀眼的黄色。古今中外，黄金都被应用于美术工艺品和装饰中，同时也是神或佛的象征。即使在现代社会，黄金也是财富和权力的象征。与其他金属不同，黄金不会生锈也不会褪色，因此黄金色也被称为"生色"。

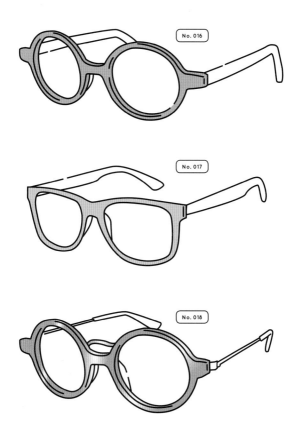

No. 016

No. 017

No. 018

那不勒斯黄

（Naples Yellow）

那不勒斯黄，是略微暗沉的深黄色。公元前 2500 年前后，人们在埃及和美索不达米亚发现含铅的锑化合物燃烧后可以得到黄色颜料。直到 19 世纪，铬颜料出现之前，那不勒斯黄都是黄色颜料的代表。

No. 019

No. 020

No. 020

C 0 / M 25 / Y 100 / K 0

铬 黄

(Chrome Yellow)

　　铬黄是泛点红的鲜艳的黄色。19 世纪初期，人们用铬盐和铬酸作为原料生产出了铬黄颜料。彼时，无机颜料登场，从橙色、黄色到绿色，许多鲜艳的颜色都可以被制造出来。铬黄也在那时被应用于印象画派中，是用来表现光的颜色。

No. 021

C 0 / M 15 / Y 100 / K 0

镉 黄

(Cadmium Yellow)

　　镉黄是用工业手段从硫化镉中提取的一种黄色颜料，和铬黄同时期被发现。与铬黄相比，镉黄是明亮度较高的艳黄色。几乎没有黄色颜料可以达到像镉黄一样的彩度和稳定度，因此镉黄也被称为"完美的黄色"。

No. 021

No. 023

No. 022

No. 022

C5 / M0 / Y90 / K0

金丝雀黄

(Canary Yellow)

金丝雀是原产于非洲西北部加那利群岛的鸟类，这种鸟的羽毛颜色就是金丝雀黄，是一种鲜艳明亮的黄色。野生金丝雀的羽毛是带褐色的暗黄色，经过品种的不断改良，现在的金丝雀羽毛的黄色才被称为金丝雀黄。

No. 023

C0 / M5 / Y40 / K0

乳色

(Cream)

像乳脂一样、非常淡的黄色。在欧洲，乳色是一种基本色名，用来表示泛着淡淡黄色的白。"Cream"从16世纪开始作为英语中的色名使用，但早在13世纪，法语中就已有"Crème"了。

SHAVED ICE

No. 024
C 5 / M 5 / Y 100 / K 0

柠檬黄

(Lemon Yellow)

芸香科的常绿小乔木柠檬的果皮颜色，是带着些许绿调的黄色。19世纪中后期，以铬和镉为原料的黄色颜料大量生产，其中带有绿调的黄色被称为柠檬黄，"柠檬黄"由此开始作为色名使用。实际上，成熟的柠檬果皮还含有些许红色。

No. 025
C 0 / M 60 / Y 100 / K 0

橙色

(Orange)

橙子是芸香科的常绿小乔木橙树的果实，橙色即橙子果肉的颜色，是鲜艳的红黄色。15—16世纪在世界范围内广泛流行的橙色原产于印度。橙色在光谱上是介于红色和黄色之间的颜色，是一种基本颜色词。

No. 026
C 0 / M 40 / Y 45 / K 0

哈密瓜色

(Melon)

　　哈密瓜是葫芦科的水果，哈密瓜色就是哈密瓜果肉的颜色，是带有白色的橙色。在日本，哈密瓜色通常指哈密瓜表皮淡淡的绿色，或是给哈密瓜果酱着色用的、鲜艳的绿色，但在西方，哈密瓜色指的是哈密瓜的果肉颜色。

SHAVED
ICE

No. 026

No. 025

SHAVED
ICE

No. 027

No. 027

C 5 / M 20 / Y 45 / K 0

稻草黄

(Straw Yellow)

　　稻草，也就是麦秆，稻草黄就是像麦秆一样泛红的暗黄色。在西方，麦子是一种具有悠久种植历史的谷物，因此麦秆也就成了生活中很容易获得的加工材料。早在 15 世纪以前，"稻草黄"就作为色名被广泛使用了。

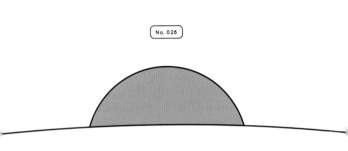

No. 028
C 0 / M 45 / Y 60 / K 0

日出黄

（Sunrise Yellow）

　　日出时分，太阳展现出的带有橘色的黄色就是日出黄。欧美用黄色或白色来表现太阳，因此就有了"Sunshine Yellow"和"Sunlight White"。"Sunset"（日落红）这种颜色带有很艳的红色，它所表示的不是太阳本身，而是日落时分天空的色彩。

不同信仰中的黄

　　现在，很多地方都将黄色视为太阳光辉的颜色，而拥有这种颜色的金属——黄金，在许多信仰中也就成了"光辉"的象征。金柔软，延展性强，且和其他金属不同，金不会生锈，因此金也成了最高级的贵金属，代表着"富贵""权威"，多用于豪华的装饰中。

　　在欧洲，黄色隐含的含义大有不同。古希腊罗马时代，黄色因其鲜亮而作为财富、富裕的象征，用藏红花染成的最高等的布只供神官和巫女使用。但是公元后，因犹大（Judas）背叛了耶稣，所以他衣服的黄色也带上了"背信""机会主义""嫉妒""妄想症""区别"等许多消极的含义。到了中世纪，黄色成了比黑色更加不吉利的颜色。文艺复兴之后，黄色才逐渐被人们接受。如今，黄色还被赋予了"活力"和"温暖"的含义。

　　在亚洲和太平洋群岛，人们大多认为黄色代表着"幸福""众神"，有着积极的含义。同时，黄色是佛教的颜色。直到现在，在泰国和缅甸还能看到穿着深黄色袈裟的僧侣。在中国的五行说中，黄色是中央色，是代表帝王的颜色。黄色也被比作太阳，带有"重生"和"宇宙中心"的含义。在印度教中，最高主神梵天（Brahma）头戴黄金冠，身穿黄色衣服。波利尼西亚和美拉尼西亚的各个岛屿上，黄色的姜是神的食物，而姜也被当地的人们视为神圣之物，人们用姜黄色的颜料装饰身体，相信这样可以庇佑自己。

CHAPTER.3

GREEN

绿

（みどり）

绿色是加法混色（RGB）三原色的一种，是草、木、叶子颜色的统称。关于"绿（みどり）"的语源，有说法称其是由"瑞々しい（みずみずしい）"中的"みず"演变而来的，也有说法称其来自翠鸟的古称"そにどり"。在日语中，"翠""碧"和"绿"都读作"midori"，都可以用来形容青绿色，不同的是，"碧"只用来形容海或其他不属于植物的颜色。绿色能带给人安稳、安心的感觉，因此它常被用于绿色的标志或绿十字，表示许可和安全。此外，在环境保护运动中，绿色是象征自然的颜色。

No.001

No.001
C 50 / M 0 / Y 55 / K 0

若绿

（わかみどり）

明亮的、水灵灵的绿色。本来"绿"在日语中就有"嫩的""新的"的含义，"若绿"则更加强调了颜色的新鲜感，多用来描述松树嫩叶的颜色。

No.002

 No.002
C 55 / M 40 / Y 60 / K 20

老绿

（おいみどり）

老绿是彩度较低、带有灰调的绿色，是和新鲜明亮的若绿对应的色名。在日本的传统色名中，人们用"若"形容明亮、鲜艳的色彩，用"老"形容浑浊、暗淡的颜色，但这种用法仅限于绿色系。

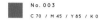

No.003

C 70 / M 45 / Y 85 / K 0

草 色

（くさいろ）

夏草颜色渐深时的深黄绿色。草色也被称为"草叶色"和"草绿"。说起"草"的颜色，人们通常会联想到叶子的绿色，所以才有了"草叶色""草绿"这样的色名。

No.004

C 45 / M 5 / Y 100 / K 0

若 草 色

（わかくさいろ）

初春时新萌发的嫩草的颜色，是一种明亮的黄绿色。在日语中，"若草の"虽然是像"新妻""新枕"这样的枕词[1]，但若草色作为色名的历史并不长，明治之后才固定下来使用。春天七草的颜色被称为"若菜色"。

1 枕词：通常是表现某个可见的具体事物现象的语汇，用来修饰后面的表现日本和歌中心理状态的叙述。

No.003

CASSETTE TAPE

No.004

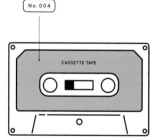

CASSETTE TAPE

No.005
C 40 / M 5 / Y 80 / K 0

若叶色

（わ か ば い ろ）

草木嫩芽的颜色。在春夏交接时分，新长出的草木嫩芽的颜色即若叶色，是明亮的、柔和的黄绿色。像若草色、若叶色这样明亮、水灵灵的绿色可以统称为"若绿"。

No.006
C 40 / M 10 / Y 60 / K 5

若苗色

（わ か な え い ろ）

初春时分新播种的秧苗的颜色，是带有淡淡黄色的绿色。当草木的颜色名称中带有"若"这个字时，这个颜色多半是属于春天的颜色，不过有一个例外，就是若苗色。若苗色是出现在夏天的颜色，是日本夏季衬袍的使用色之一。

No.005

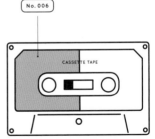

No.006

No.007
C60 / M5 / Y95 / K0

萌木色 · 萌黄色 · 萌葱色

（もえぎいろ）

植物萌芽时新鲜的黄绿色，作为黄绿色的代表性颜色，从平安时代就开始使用。萌木色是春天的颜色，同时也象征着年轻人充满青春、活力。战国时代的年轻武士，会穿着萌木色的铠甲或直垂。

No.008
C80 / M25 / Y90 / K15

常磐绿 · 常磐色

（ときわみどり·
ときわいろ）

常磐绿是像常绿树树叶一般，稍稍暗沉的绿色。常磐的意思是稳定坚固的石头，也是"恒久不变"的代名词，和"松叶色"含义相同。"千岁绿"指常绿树古木树叶的绿色，比常磐色更暗一些。

■ No.008-A
C80 / M35 / Y75 / K60

千岁绿

（せんざいみどり）

No.007

No. 009

C 40 / M 15 / Y 60 / K 0

柳色 · 柳叶色

（やなぎいろ ·
やなぎばいろ）

柳，是对柳属植物的统称，像柳树叶一样带有柔和白色的黄绿色，就是柳色。柳叶的内侧呈现出的更偏白一些的颜色叫"里叶柳"，而更偏向于茶色的柳色叫做"柳茶"。

No. 009 - A

C 25 / M 10 / Y 40 / K 0

里叶柳

（うらばやなぎ）

No. 009 - B

C 40 / M 30 / Y 65 / K 15

柳茶

（やなぎちゃ）

No. 008

No. 008 - A

No. 009

No. 009 - A

No. 009 - B

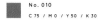

No. 010
C 75 / M 0 / Y 50 / K 30

青竹色

（あおたけいろ）

青竹色即茁壮成长的青竹竹竿的颜色，是带有浓厚蓝调的绿色。青竹色也是染色名，其颜色比青竹实际的颜色偏蓝一些。为了和黄绿系的草木颜色相区分，当草木颜色中带有蓝调时，会在色名中加上"竹"字。比较鲜嫩的竹子颜色叫做"若竹色"。

No. 010 - A
C 60 / M 0 / Y 45 / K 5

若 竹 色

（わかたけいろ）

No. 011
C 55 / M 30 / Y 65 / K 35

老竹色

（おいたけいろ）

老竹色是竹子衰老时呈现的颜色，是彩度低且带有灰色的绿色。虽然色名中有"老"这个字眼，但其实指的还是生竹的颜色，属于绿色系。已经枯败的竹子会呈现出黑黑的黄褐色，这种颜色叫做"煤竹色"。

No. 011 - A
C 55 / M 50 / Y 75 / K 45

煤 竹 色

（すすたけいろ）

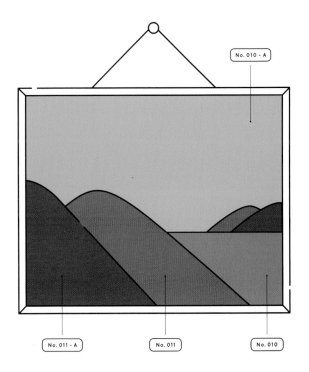

No. 010 - A

No. 011 - A

No. 011

No. 010

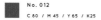

No. 012
C 80 / M 45 / Y 65 / K 25

木 贼 色

（とくさいろ）

木贼科植物木贼根茎的颜色，是浑浊的青绿色。木贼的根茎坚硬、手感粗糙，常被人们当作砂纸用于打磨，因此也被写作"砥草"。在过去，木贼是非常常见的植物。木贼色也是日本衬袍的选择色之一，是一个十分常见的色名。

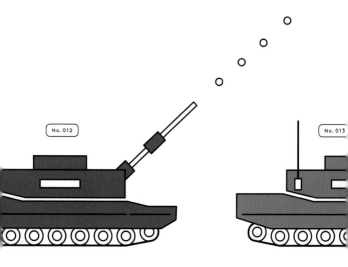

No. 012

No. 013

No. 013
C 65 / M 40 / Y 85 / K 0

苔色

（こけいろ）

像青苔一样深暗的黄绿色。在日本传统服饰中，衬袍的搭配色里也有苔色，指的是表里都施以浓厚的萌黄色，比苔绿色更加浓厚、鲜艳。苔类植物带给人时间沉淀的感觉，深深吸引着日本人。日本也形成了爱观赏长有青苔的古木和庭院的独特的文化习惯。

No. 014
C 60 / M 50 / Y 75 / K 30

海松色

（みるいろ）

像海藻一样带有黄调的灰绿色。海松色是自平安时代开始就有的古老色名，可能是因为海藻从那时起用作食材，所以有了这个色名。到了江户时代，海松色作为适合中高年龄层人士使用的颜色而流行。

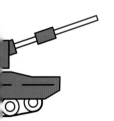

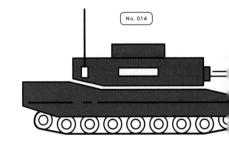

No. 014

No. 015

C 35 / M 15 / Y 70 / K 0

抹 茶 色

（まっちゃいろ）

像抹茶粉一样，稍显浑浊的、明亮的黄绿色。日本的色名中，取自日常饮品的非常少。绿色的煎茶走进寻常百姓家是发生在近代的事，而抹茶作为一种需要特殊技术制作的饮品，在生活中并非随处可见。

No. 015

No. 016

C 40 / M 10 / Y 45 / K 0

山葵色

（わさびいろ）

山葵是十字花科的多年生草本植物。山葵的根茎研磨后呈现出的带有柔和白色的黄绿色，就是山葵色。山葵原产于日本，在古代用作药材，室町时代开始用作调味料。到了江户时代，山葵和荞麦面、寿司一起在百姓中普及开来。

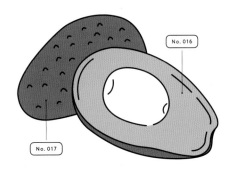

No. 016

No. 017

No. 017

C 55 / M 35 / Y 70 / K 25

麹尘

（きくじん）

像麹菌一样的灰黄绿色，是在刈安和紫草中加入灰质后媒染成的颜色。麹尘是天皇日常服装中使用的颜色，因此也是一种禁色。说到天皇日常穿的袍服的颜色，《延喜式》中记载了名为"青白橡"的禁色和其染色技法，此外，取自山鸠翅膀颜色的"山鸠色"也是一种禁色。

No. 018

C 40 / M 25 / Y 55 / K 65

根岸色

（ねぎしいろ）

即根岸壁的颜色，是带有绿色的暗灰色。现在东京都台东区根岸附近依然出产优质的壁土，在根岸土上敷涂砂壁，就成了根岸壁。根岸壁的颜色从略带茶色到略带蓝色，跨度很广。而根岸色特指和鼠色相近的颜色。

No. 018

No. 019

No. 019 - A

No. 019

C 40 / M 5 / Y 20 / K 5

青磁色

（せいじいろ）

平安时代，青瓷从中国传入日本，青磁色就是指青瓷的颜色，也叫"青瓷色"，是带有灰调的淡淡青绿色。在中国，青瓷是向天子进贡的贡品，因此青磁色也被叫做"秘色"，浑浊的青磁色被称为"锈青磁"。

No. 019 - A

C 50 / M 20 / Y 30 / K 10

锈青磁

（さびせいじ）

No. 020

C 60 / M 20 / Y 40 / K 15

绿青

（ろくしょう）

绿青是绿色的铜锈的统称，是带有浑浊蓝色的绿色。绿青在古代是一种颜料，可以从铜锈中提取出来。飞鸟时代，绿青色随佛教一道从中国传入日本，用于绘画和寺院装饰中。

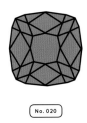

No. 020

No. 021

No. 021

C 25 / M 0 / Y 20 / K 0

白绿

（びゃくろく）

白绿是将孔雀石磨成粉制作而成的颜料，是偏白色的绿色。在染色中，惯用"薄""浅"来形容淡淡的颜色。但在颜料中，习惯用"白"这个字眼。孔雀石研磨后的颗粒越细，反射的白色光就越多，呈现出更多的白色，这也是白绿颜料的特性。

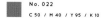

No. 022
C 50 / M 40 / Y 95 / K 10

莺 色

（うぐいすいろ）

树莺是一种莺科鸟类，像树莺的羽毛一样素淡的黄绿色就是莺色。树莺也被叫做"报春鸟"，万叶时代开始就经常出现在和歌中被咏唱。而"莺色"在江户时代才用作色名。像是莺饼、莺馅呈现出的莺色都是日本人所熟悉的颜色，但实际上树莺的羽毛更偏向茶色。

No. 023
C 30 / M 10 / Y 95 / K 0

No. 023 - A
C 40 / M 15 / Y 90 / K 5

鶸萌黄

（ひわもえぎ）

鶸色 ruò

（ひわいろ）

No. 022

稍微带有茶色的明亮黄绿色，和雀科鸟类——金翅雀羽毛的颜色一样。鶸色虽然和煎茶的颜色相近，但在茶极其珍贵的时代，野生的金翅雀因更加常见，鶸色便更为人所熟悉，被用于色名。在日本传统色名中，带有茶绿色的颜色叫"鶸萌黄"，像这样带有"鶸"字的色名很常见。

No. 024
C 80 / M 10 / Y 60 / K 0

翠 色 · 翡 翠 色

（みどりいろ·
ひすいいろ）

翠色和翠鸟科鸟类翠鸟的羽毛颜色一样，是带有蓝调的、鲜艳的绿色。这种颜色和自古以来就作为饰品的宝石——翡翠的颜色相似，因此也被称为"翡翠色"。"翠"指青羽雀，"翡"指赤羽雀，不知道"翡翠色"这个色名到底来自哪一种呢。

No. 024

No. 023

No. 023 - A

No. 025

No. 026

No. 027

No.025

C 35 / M 0 / Y 75 / K 0

春绿

(Spring Green)

象征春天的明亮的黄绿色。17—18 世纪，这个词频繁地出现在英语中。春绿用来表现新鲜、水嫩的感觉，因此也被称为"Fresh Green"。和日本传统色中的若叶色一样，春绿色也饱含了人们迎接春天到来的喜悦之情。

No.026

C 45 / M 5 / Y 65 / K 0

草绿

(Grass Green)

草绿是素淡的黄绿色。在日本，草绿一般指杂草的颜色，但在西方国家，草绿多指牧草和草坪的颜色，而草绿色是比草色更加明亮轻快的黄绿色。草绿是英语中最古老的色名之一，大概从 8 世纪开始就固定下来了。

No.027

C 40 / M 25 / Y 80 / K 25

苔绿

(Moss Green)

像苔藓一样素淡的、带有茶色的黄绿色。在现在的日本人眼中，"Moss Green"比传统色名"苔色"更大众化，但"Moss Green"作为色名的历史还很短，最初苔绿色只被用于一种合成染料。欧美没有像日本一样喜爱观赏古老庭院的文化传统，因此他们对苔藓并不抱有特殊的情感。

No. 028
C 70 / M 0 / Y 95 / K 0

常 绿

(Ever Green)

和日本传统色中的"常磐色"一样，都是指常绿植物的颜色，是略微浑浊的深绿色。因为英国的冬天比日本的要更加漫长，所以日本的"常磐色"在英国被视为更加明亮的深色。与"常磐色"一样，常绿在西方国家也被视为"永恒不死"的象征。

No. 029
C 60 / M 20 / Y 75 / K 25

常 春 藤 色

(Ivy Green)

常春藤是一种五加科常绿攀援灌木，其叶片显略微暗淡的黄绿色，即常春藤色。常春藤虽并没有被赋予神圣的内涵，但作为多年生常绿植物，是英国常见的植物。

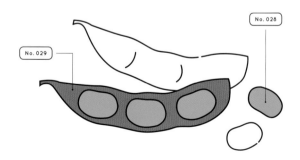

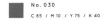

No. 030
C 85 / M 10 / Y 75 / K 40

月桂色

(Laurier)

　　月桂是原产于地中海沿岸的樟科常绿植物，月桂树叶的颜色就是月桂色，是浓厚且鲜艳的绿色。在希腊神话中，月桂是阿波罗的灵木，是被赋予了神圣含义的植物。在古希腊和古罗马时代，月桂是胜利和荣耀的象征。

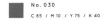

No. 031
C 50 / M 25 / Y 50 / K 0

杨 柳 色

(Willow Green)

　　杨柳色是泛白的黄绿色。柳树广泛分布于北半球，因此在西方也很常见，并不是珍贵的树木，"Willow Green"也是自古就有的色名。杨柳的颜色，比日本的枝垂柳偏黄一些。

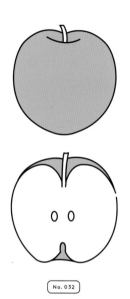

No. 032
C 45 / M 5 / Y 100 / K 0

苹果绿

(Apple Green)

蔷薇科落叶乔木苹果树的青色果实的颜色，是一种明亮的黄绿色。在日本，说到苹果一般会联想到红色，但在西方，苹果色指的是绿色的苹果表皮。青苹果是亚当和夏娃偷吃的禁果，也是神话中所有果实的代表。

No. 032

No. 033
C 45 / M 35 / Y 100 / K 5

橄榄色

(Olive)

橄榄树是木犀科常绿植物，橄榄果盐渍后的颜色就是橄榄色，是带有灰调的黄绿色。在地中海沿岸，"橄榄色"是基本色词，指偏绿色的浑浊颜色。"橄榄绿"指橄榄树叶的颜色，是比橄榄色更加暗沉的灰黄绿色。

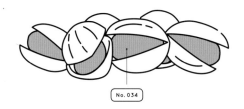

No. 034

No. 034
C 40 / M 20 / Y 50 / K 0

开心果色

（Pistachio）

开心果是漆树科多年生落叶果树的果实，像开心果果肉一样，带有明亮灰调的黄绿色就是开心果色。开心果树的栽种历史在地中海沿岸超过 4 000 年，因此开心果色也是欧洲和西亚人熟悉的一种深色。

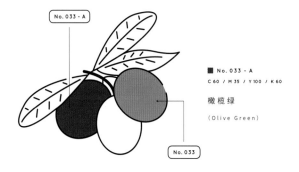

No. 033 - A

No. 033

■ **No. 033 - A**
C 60 / M 35 / Y 100 / K 60

橄榄绿

（Olive Green）

No. 035
C 90 / M 10 / Y 75 / K 0

孔雀石绿

（Malachite Green）

　　孔雀石是一种富有光泽的、鲜艳的深绿色铜矿物，孔雀石绿即孔雀石的颜色。自古以来，孔雀石就被用于装饰和颜料中，在古埃及，大约从公元前 3 000 年开始，孔雀石就被用于墓穴装饰和眼影中。

No. 036
C 80 / M 0 / Y 70 / K 0

翡 翠 绿

（Emerald Green）

像翡翠一样，带有透明感的、明亮鲜艳的浓绿色。文艺复兴时期，翡翠绿开始为大众喜爱。18 世纪以后，翡翠绿因受到拿破仑的偏爱又在法国大受追捧，由此翡翠绿也被称为"Empire Green"。

No. 036 - A
C 75 / M 0 / Y 75 / K 10

Empire Green

No. 036 - A

No. 036

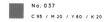

No. 037
C 95 / M 20 / Y 80 / K 20

铬 绿

（Viridian）

铬绿是一种以氧化铬为主要原料的颜料，有透明感，是带有鲜艳蓝调的绿色。铬绿也是水彩画的12基本色之一，因其不必通过混色法调制而得，所以比绿色优先为人所采用。

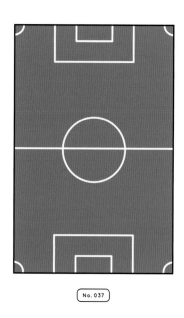

No. 037

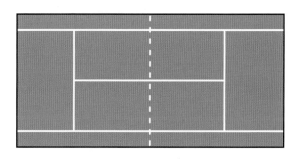

No. 038

No. 038
C 55 / M 25 / Y 65 / K 15

土绿

(Green Earth · Terre Verte)

将绿色的黏土岩碾碎后制成的颜料，从很早以前就开始使用了。土绿是鲜艳的绿色。日语中将其译作"绿土"。因翡翠石价格高昂，土绿就成了翡翠绿的替代品，被广泛应用于罗马帝国时期的湿壁画和拜占庭时代的马赛克绘画中。

No. 039

No. 040

No. 039
C 70 / M 0 / Y 95 / K 0

鹦鹉绿

(Parrot Green)

　　鹦鹉是一种广泛分布于南半球的鸟类，像鹦鹉羽毛一样鲜艳浓烈的黄绿色就是鹦鹉绿。在欧洲，鹦鹉从公元前就开始被人当作宠物饲养。因鹦鹉也暗喻拈花惹草的花花公子，所以鹦鹉绿也被称为"Popinjay Green"。

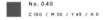

No. 040
C 100 / M 30 / Y 45 / K 0

孔 雀 绿

(Peacock Green)

　　蓝孔雀是雉科鸟类，雄性蓝孔雀羽毛根部的颜色就是孔雀绿。孔雀绿是鲜艳的、浓烈的、介于蓝色和绿色之间的颜色。根据光线的变化，蓝孔雀羽毛的颜色有时呈现出绿色，有时呈现出蓝色，因此孔雀绿也可以被称为"Peacock Blue"。在法国，孔雀绿更被称为"Blue Paon"，是蓝色系的颜色。

不同地域中的绿

　　说到绿色，人们常常会联想到植物，联想到"新鲜""年轻""成长""新生"等含义。在日本，自古就有将新生的事物称作"midori"（日语中"绿"的读音）的传统，因此婴幼儿也被称作"midoriko"。四季常绿的乔木被视为"恒久不变"的象征，像是松树、杨桐这样的常绿树，更是神事和吉事中不可或缺的角色。在西方亦是如此，英语中的"Green"和"Grass""Grow"拥有相同的语源，法语和意大利语中表示绿色的词汇"Verte""Verde"中也包含了"新鲜""活力"等含义。柊树和月桂树这样常绿树的叶子也被视为"恒久不变"的象征而受到了人们的重视。

　　据说因为北半球北回归线以北的地方四季分明，所以北方的人们才对绿色有如此丰富的情感。而生活在四季常青、一年如夏的地方的人们，对绿色并没有特殊的情感。看来只有经历过冬季万叶凋零的枯寂，才会懂得新绿里包含的无限生机，才会对嫩芽怀有尊敬之心。

　　在荒凉干旱的地方，人们对绿色的情感也大有不同。在沙漠，绿色就是绿洲，是绝对的"生命之源"。在古阿拉伯语中，表达绿色、植物的词语也是"乐园"这个词的语源。北非国家摩洛哥有这样一句俗语，"我的马镫是绿色的"，表达了"去干旱的地方使它降雨"的意思，这句话同样也寄托了人们对绿色的特殊情感。

CHAPTER. 4

BLUE

蓝

（あお）

　　蓝色是加法混色（RGB）三原色之一，是天空、海洋的颜色的统称。关于其语源有各种说法，有说法称其来自于"藍（あい）"，也有说法来自仰望天空的"仰望（あほぐ）"，更有说法称因蓝色比黑色和红色更淡，所以语源来自日语中表示淡的词语"浅し（あはし）"。蓝色是冷色的代表色，蕴含着镇静、回避、让步等消极的意思。在日本的色彩概念中，蓝色的范围很广。皮毛带点蓝色的黑马被称为"蓝马"，绿色系的叶子、绿灯等也分别被称为"蓝叶""蓝信号"等。在很多其他文化中，反而多将蓝色划分至绿色的范畴。

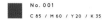

No. 001

C 85 / M 60 / Y 20 / K 35

蓝色

（あいいろ）

蓝色是用蓼科一年生草本植物蓼蓝作染料染成的颜色，是略微带有一些绿色的深色。在《延喜式》中，根据颜色的深浅，蓝色被分为"深蓝""中蓝""浅蓝"和"白蓝"，其中"深蓝"也就是现在所说的蓝色，一般指颜色较深的蓝。

■ No. 001 - A

C 90 / M 70
Y 15 / K 70

深蓝

（こきあい）

■ No. 001 - B

C 85 / M 30
Y 10 / K 10

浅蓝

（うすきあい）

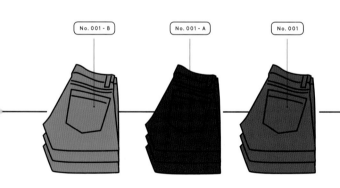

No. 001 - B

No. 001 - A

No. 001

No.002
C 30 / M 0 / Y 15 / K 0

白蓝

（しらあい）

　　《延喜式》中根据颜色的深浅，将蓝色分为四种蓝，白蓝是其中最浅的蓝色。蓝色是在蓝染中加入黄檗染制而成的，而白蓝的染料中，蓝色用量是深蓝染料中的1/3，黄檗用量则是1/2。白蓝与淡蓝色相比，颜色更像是极浅的蓝绿色。

No.003
C 15 / M 0 / Y 5 / K 0

瓶窥

（かめのぞき）

　　盛满水的透明瓶子，看上去是极淡的蓝色，这种颜色就是"瓶窥"。江户时代，出现了专门从事蓝染工作的染色匠人"绀屋"，瓶窥这个用来描述最浅蓝色的词，就来自"绀屋"。瓶窥也称为"窥色"。

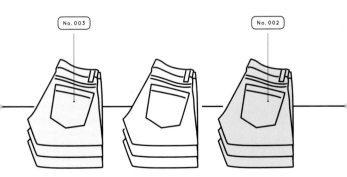

■ No.004
C 100 / M 90 / Y 30 / K 30

绀色

（こんいろ）

　　蓝染越浓会越接近紫色，而通过调整染料让紫色更浓一些，呈现出来的颜色就是绀色。"绀屋"最初指专门从事蓝染的职人，但由于蓝染在江户时代异常盛行，它逐渐变成了特指染色工房的代名词。偏向绿色的蓝染被称为"铁绀"。

■ No.004 - A
C 80 / M 50 / Y 30 / K 50

铁绀

（てつこん）

■ No.005
C 85 / M 75 / Y 0 / K 70

揭色・褐色

（かちいろ・かちんいろ）

　　揭色是看起来发黑的深蓝色。"揭"在日语里读作"kachi"，和"胜利"的发音一样，所以在日俄战争时期，揭色作为"胜色""军胜色"而流行。在已经染上了其他颜色的基础上加染一层蓝色，呈现的颜色是"褐返"。

■ No.005 - A
C 100 / M 90 / Y 40 / K 50

褐返

（かちがえし）

■ No.006
C 100 / M 40 / Y 30 / K 35

纳户色

（なんどいろ）

　　深沉的、带有灰调的蓝色，诞生于江户时代。关于色名的由来，有说其来自储藏间昏暗的颜色，也有说其来自贵族库房的管理人员穿着的制服颜色。"纳户色"别名"御纳户色"。

No. 007

C 95 / M 60 / Y 15 / K 0

缥色・花田色

（はなだいろ）

缥色是不使用黄檗预染，只用蓼蓝染成的深蓝色。缥色也写作"花田色"。《延喜式》中规定的服装颜色里，"缥色"指所有含蓝色的颜色，范围很广。缥色根据颜色的深浅依次分为"浓缥""中缥""次缥"和"浅缥"。

■ No. 007 - A

C 95 / M 60
Y 15 / K 35

浓缥

（こきはなだ）

■ No. 007 - B

C 80 / M 35
Y 15 / K 0

浅缥

（あさはなだ）

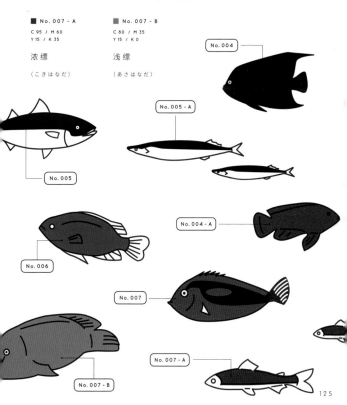

No. 004

No. 005 - A

No. 005

No. 004 - A

No. 006

No. 007

No. 007 - B

No. 007 - A

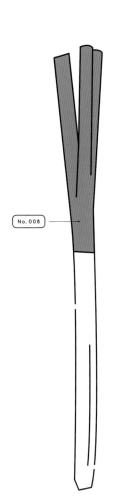

No. 008
C 85 / M 20 / Y 30 / K 10

No. 008

浅葱色

（あさぎいろ）

　　像青葱一样，微微泛绿的蓝色。古时候，浅葱色也指淡淡的浅黄色，界限并不明确。近年来，一些用合成染料制成的鲜艳颜色，也可以被称为"浅葱色"。

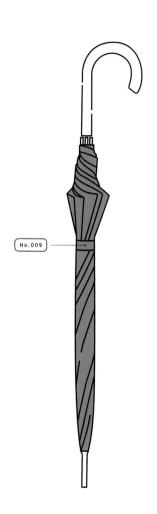

No. 009

No. 009
C 85 / M 35 / Y 0 / K 0

露草色

（つゆくさいろ）

　　露草是鸭跖草科植物，用露草花汁染出的颜色就是露草色。露草色是比较明亮的蓝色。早在万叶时代，人们就已经用日本最古老的染色技法漏印法，将露草花汁擦在布料上染出露草色。露草色也被称为"花染""移色"。

No. 010
C 90 / M 80 / Y 0 / K 0

群 青

（ぐんじょう）

■ No. 010 - A
C 100 / M 70 / Y 10 / K 5

绀 青

（こんじょう）

　　群青是从蓝铜矿中提取的天然矿物颜料，带有一些紫色，是浓烈的深蓝色。如色名所示，这种颜色是"青"色汇集成"群"所形成的一种深色。原本，群青是日本画中天然矿物颜料的名字，后来渐渐开始泛指所有与之相似的颜色，从而变成了通用色名。与"群青"一样取自蓝铜矿的矿物颜料中，颜色偏向绀色的被称为"绀青"，是指像海洋一样深沉浓郁的蓝色。

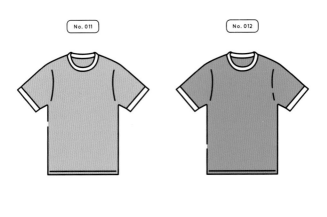

No. 011
C 35 / M 15 / Y 5 / K 0

No. 012
C 70 / M 10 / Y 15 / K 0

白群

（びゃくぐん）

新桥色

（しんばしいろ）

白群是带有淡淡紫色的发白的蓝。白群和群青一样都来自以蓝铜矿为原料的蓝色染料，用比群青颗粒更细的染料染成的偏白色叫"淡群青"，而白群的染料颗粒则比淡群青更加细腻。

大正时代初期，东京港区的新桥聚集了很多艺伎，她们常常穿着的和服颜色就被命名为"新桥色"。新桥色使用当时刚刚传入日本的合成颜料制成，是鲜亮的浅葱色。在日本花柳界，新桥的艺伎们以喜好鲜艳明亮的颜色而出名，新桥色正是被她们一夜带火，而后在平常百姓中流行。新桥色还被称为"金春色"。

No. 013

No. 013
C 55 / M 0 / Y 5 / K 0

空色

（そらいろ）

空色所描绘的，是像晴朗的天空一样明亮的蓝色。日本是农耕民族，按理说应该对气候的变化极为敏感，但对于天空的细微变化，却几乎没有与之相对应的色名。或许，是因为他们认为过分纠结季节、地域、时间的流转，并且赋予这些变化特定的含义本身就没有什么太大的意义吧。

No. 014

No. 014
C 40 / M 0 / Y 10 / K 0

水 色

（みずいろ）

会让人联想到水的极浅的蓝色。早在平安时代，和歌中就已经出现了水色，但当时的水色并非指极浅的蓝色。实际上，水是无色、透明的，而河川、湖泊中的水因其中含有河底、湖底的成分，也很难呈现出真正的水色。但现在，水色是很普遍的色名。

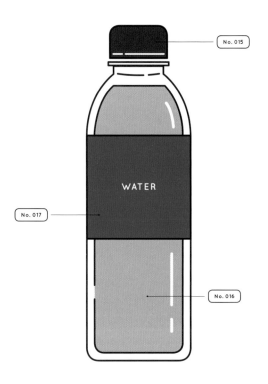

No. 015

No. 017

WATER

No. 016

■ **No. 015**
C 90 / M 80 / Y 10 / K 50

靛蓝

（Indigo Blue）

木蓝是一种原产于印度的豆科植物，从木蓝中提取的蓝色染料称为靛蓝，而用它染成的带有暗紫的深蓝色就是靛蓝色。木蓝是人类最古老的植物染料，印度河流域文明遗迹中亦发现了蓝染的痕迹。19世纪后半叶，人工合成靛蓝色得以实现，并由此产生了牛仔类服饰。

■ **No. 016**
C 30 / M 0 / Y 0 / K 20

撒克斯蓝

（Saxe Blue）

撒克斯蓝意为"撒克逊人（The Saxons）的蓝色"，是用靛蓝做染料染制而成的，带有灰调的浅蓝色。这里的撒克逊人是指迁至德国的尼德撒克森，生活在易北河流域的人。在欧美，撒克斯蓝是一种正式场合使用的颜色，地位仅次于白色。

■ **No. 017**
C 100 / M 60 / Y 20 / K 20

菘蓝

（Woad）

菘蓝，也被称为"大青"，是十字花科二年生草本植物，用这种植物染成的蓝色就是菘蓝色。早在古罗马帝国时期，人们就已经开始用菘蓝染色，但菘蓝的成色和持久度都不如蓝草和靛蓝，因此，16世纪靛蓝传入日本并被广泛使用之后，菘蓝逐渐退出历史舞台。

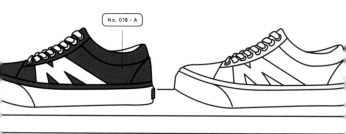

No. 018 - A

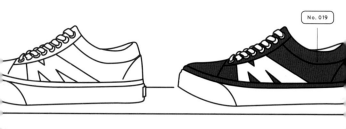

No. 019

No. 018
C 85 / M 75 / Y 0 / K 0

青金石蓝

(Lapis Lazuli)

No. 018 - A
C 100 / M 80 / Y 0 / K 10

琉璃绀

(るりこん)

青金石是一种以天蓝石为主要成分的准宝石，青金石蓝即青金石的颜色，是带有浓烈紫色的浓蓝。青金石仅产于阿富汗，因其稀少而珍贵无比。青金石色在日本也被称为"琉璃色"，更深一些的青金石色被称为"琉璃绀"，是江户时代中期的流行色。

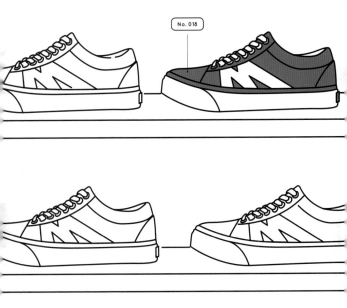

No. 019

C 100 / M 90 / Y 0 / K 0

群青色

（Ultramarine）

将青金石研磨成粉末后制成的颜料颜色，中世纪时由威尼斯商人带入欧洲。在此之前，蓝色颜料天青石被称为"海的倒影色"，与之相对的群青色则代表"超越海洋的蓝色"。

No.020
C 80 / M 15 / Y 15 / K 0

埃及蓝

(Egyptian Blue)

石英和硅酸铜的混合物，是人类已知最早的合成颜料。埃及蓝是浓烈鲜艳的蓝色。埃及壁画中常常使用这种颜色，埃及蓝由此得名。公元 10 世纪前后，埃及蓝的制作方法失传，直到最近，这种梦幻颜料的制作方法才被重新找回。

No.020

No. 021
C 95 / M 85 / Y 20 / K 5

普鲁士蓝

(Prussian Blue)

18世纪初叶，在普鲁士（现在德国北部到波兰西部）和法国几乎同时发现了这种带有淡淡黄色的深浓蓝色颜料。关于普鲁士蓝的发现地和发现者众说纷纭，这种颜色也有非常多的名字，但最终还是统一称为"普鲁士蓝"。

No. 021

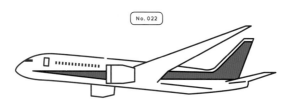

No. 022

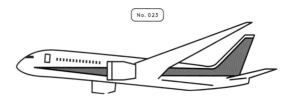

No. 023

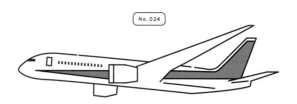

No. 024

No. 022
C 100 / M 60 / Y 0 / K 0

钴 蓝 色

(Cobalt Blue)

钴蓝诞生于 18 世纪后半叶，是人们偶然从氧化钴和氧化铝中发现、提取出的颜料。钴蓝色是鲜艳明亮的蓝色。19 世纪中叶，钴蓝作为绘画颜料开始流行，印象派画作中常常使用钴蓝色。

No. 023
C 100 / M 35 / Y 5 / K 5

蔚 蓝 色

(Cerulean Blue)

泛着微微绿色的、鲜艳明亮的蓝色。19 世纪，人们首次通过工业生产产出成分为硫酸钴、氧化锌和硅酸的化合物颜料，蔚蓝色就来自这种颜料。原本，蔚蓝色就是诞生于 16 世纪、用于形容明亮的天空颜色的色名。现在，蔚蓝色依旧是形容天空颜色时不可或缺的一个词语。

No. 024
C 100 / M 20 / Y 20 / K 15

青 色

(Cyan)

青色是酞菁系颜料中的一种，是带有鲜绿的蓝色，也是减法混色 (CMY) 三原色之一。在印刷时，往往会在三原色中加入黑色，而印刷三原色中的青色比减法混色三原色中的青色要加更明亮一些。不过为了方便，两种颜色都称为青色。

No. 025
C 20 / M 0 / Y 0 / K 0

水蓝色

（Aqua）

水蓝色就是日本传统颜色中的"水色"。对于"水"的印象，东西方都认为其是无色、透明的液体，能从中感受到微微的蓝色。对于不同形态的水所呈现出的不同颜色，也有非常多样的色名。例如，像喷涌的泉水一般清澈的水蓝色被称为"Fountain Blue"，像冰山或峡湾中的冰一样冷静澄澈的颜色则被称为"Ice Blue"。

No. 025 - A
C 45 / M 0 / Y 0 / K 0

Fountain Blue

No. 025 - B
C 70 / M 5 / Y 0 / K 0

Ice Blue

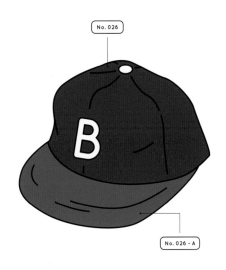

No. 026

No. 026
C 100 / M 85 / Y 25 / K 25

海军蓝

（Navy）

No. 026 - A
C 100 / M 60 / Y 10 / K 0

Marine Blue

　　海军蓝是英国海军制服的颜色，是带有暗紫的蓝色。在表示蓝色的色名中，只有海军蓝"Navy"中没有"Blue"这个词。和海军蓝颜色相近的有"Marine Blue"，它比海军蓝的颜色更加明亮，且同时包含着像大海和像海军制服一样的蓝色这两种含义。

No. 027
C 45 / M 5 / Y 0 / K 0

天空蓝

（Sky Blue）

天空蓝，也就是日本传统颜色中的空色。在美国发行的色彩辞典中，对天空蓝有如下定义："晴朗的夏天，上午 10 点至下午 3 点之间，空气中的水汽和尘埃都少的时候，将开了直径一厘米小孔的纸放在离眼睛 30 厘米处，透过小孔所观察到的，纽约上空 50 米以内的天空颜色"。

No. 028
C 60 / M 10 / Y 10 / K 0

天蓝色

（Azure Blue）

天蓝色是带有细微红色和黄色的、明亮的蓝色。天蓝色也是罗马神话中众神之王朱庇特的象征色。法语中的"Azur"、西班牙语中的"Azul"、意大利语中的"Azzurro"都表示天蓝色。在欧洲，天蓝色已经成为普通的色名，用来形容天空的颜色。

No. 030

No. 030 - A

No. 029

No. 029
C 55 / M 20 / Y 0 / K 0

天青色

（Celeste）

带有紫调的、明亮的空色，语源来自于拉丁语的"Caelestis"，意为"有神存在的天空"，因此天青色也被称为"Heavenly Blue"。米开朗琪罗的壁画《最后的审判》中天空的颜色即为天青色。

No. 030
C 55 / M 30 / Y 10 / K 5

天顶蓝

（Zenith Blue）

天顶蓝特指散射光强烈的高空的颜色，是泛紫的、带有些微黑色的天空颜色。"Zenith"意味着天顶，"Zenith Blue"就表示天顶的蓝色。日语中的"天色"也可以用来表现高空的颜色，但并不是常用色名。

No. 030 - A
C 75 / M 20 / Y 0 / K 5

天色

（あめいろ）

No. 027

No. 028

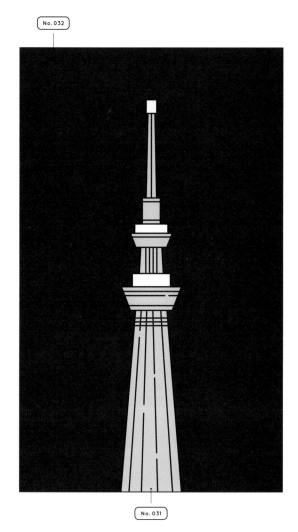

No. 032

No. 031

No. 031

C 35 / M 0 / Y 15 / K 0

苍色

(Horizon Blue)

靠近地平线的苍茫天空的颜色。由于靠近地平线的地方水蒸气、空气中的悬浮物较多，蓝色被淡化，所以苍色更加凸显绿色。日语中用来表示天空颜色的词只有"空色"，但在其他国家，不同的天空颜色有着不同的色名，丰富多样。

No. 032

C 100 / M 90 / Y 50 / K 60

午夜蓝

(Midnight Blue)

午夜的蓝，是接近黑色的深蓝色。虽然在文学中对午夜的颜色多有描绘，但"午夜蓝"这个色名却是在1915年才出现的。在过去的色名中，几乎没有用蓝来表现夜空的情况。或许这是因为在照明匮乏的年代，午夜带给人们的视觉感受几乎就是黑色。

给人不同印象的蓝

COLUMN | 4 | BLUE

　　虽然在现代，我们用蓝色来表现海洋、天空的颜色已经极为普遍，但在过去并非如此。在古希腊，海洋的颜色被描绘成"带有绿色的葡萄酒色"，天空的颜色则没有具体词汇来表示。《旧约·圣经》中也没有与蓝色相对应的词汇，表现海洋和天空颜色的词一般是"深绿"和"浅黑"。即使是在西方绘画中，直到中世纪还在用绿色描绘海洋。蓝色登场，用来形容水的颜色，是 15 世纪以后才有的事情。

　　蓝草是最古老的植物染料，它把蓝色带入了人们的日常生活中。但是，在绘画领域，由于蓝色颜料只能从天青石和青金石中获取，材料的稀缺和制作工序的复杂使得蓝色颜料变得非常珍贵，更使其成为神圣的颜色。传说蓝色蕴含着驱恶的魔力，但同时，蓝色也被认为是象征死亡的丧色。假期接近尾声时，人们用"Blue Monday"来形容不想上班或上学的心情，和制英语中也用"Marriage Blue""Maternity Blue"形容"忧郁""不快"。但与此同时，莫里斯·梅特林克（Maurice Maeterlinck）的戏剧作品《青鸟》中，新娘随身带着的蓝色小物件"something blue"，则是幸福的象征。所以，蓝色是一种具有两面性的颜色。

　　18—19 世纪，随着合成染料和合成颜料的发现，人们可以制作出具有优良持久性和稳定性的鲜艳蓝色。现在，蓝色已经是全世界人们最喜欢的颜色。蓝色作为公平、和平的象征，已经成为联合国、世界卫生组织（WHO）、欧盟（EU）等大多数国际政府机构旗帜和徽章的底色。

CHAPTER.5

PURPLE

紫

（むらさき）

　　无论在加法混色（RGB）三原色还是减法混色（CMY）三原色中，都没有紫色的身影，因为它是用红色和蓝色混合而成的颜色。紫色在日语中读作"murasaki"，语源来自染料"紫草（murasakisou）"。在英语的色相分类中，像紫罗兰一样带有蓝调的紫色被称为"Violet"，而带有红调的紫色才叫做"Purple"。红色意味着"动"，蓝色意味着"静"，而由这两种颜色混合而成的紫色，自然也继承了这两种矛盾性，在含有"高贵""神秘""崇高"意义的同时，也代表着"下贱""动荡""淫邪"。紫色是能让人感受到二元对立性的颜色。

 No.001
C 50 / M 85 / Y 5 / K 5

紫

（むらさき）

用紫草科多年生草本植物紫草的根染成的颜色，是日本的基本色名之一。为了制作出浓重的紫色，人们用紫草根反复叠染，根据染色次数的不同，颜色的深浅也会发生变化。根据颜色的浓淡，紫分为"浓色""中紫"和"薄色"。

No.002
C 65 / M 85 / Y 25 / K 35

浓色

（こきいろ）

浓色即浓紫色，也被称为"深紫"和"浓紫"。原本"浓色"是表现所有深色的词语，但因为日本自古以来级别最高的官服颜色就是紫色，紫色也因此成为颜色的代表，故用"浓""淡"特指紫色。此外，"浓色"也可以表示带有深灰色的深红色。

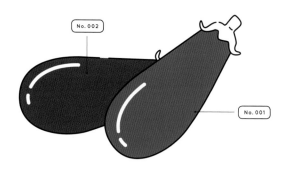

No.003
C 40 / M 50 / Y 15 / K 0

薄色

（うすいろ）

薄色指浅紫色，也叫"薄紫""浅紫"。和浓色一样，薄色也专指紫色，但它是二、三级官位的官服颜色。在《延喜式》中，将薄色记载为"浅紫"，其染料的用量大约只有深紫的六分之一。

No.004
C 30 / M 40 / Y 10 / K 30

半色·端色

（はしたいろ）

半色指不深不浅的紫色。因为深紫和薄紫都是禁色，其染料用量和染色程序已有明确的规定，而介于深紫和浅紫之间的半色，就成为一种"许可色"，是被允许用于大众服饰上的颜色。

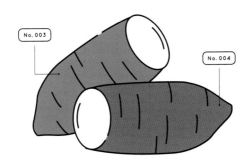

No.003

No.004

No.005
C 85 / M 85 / Y 30 / K 0

江户紫

（えどむらさき）

　　带有蓝调的暗淡紫色。近代以来，紫草被广泛栽种在日本各地。产自京都的紫草和产自武藏野（现东京郊外）的紫草，染成的颜色不同，江户时代的人们注意到了这个现象，就把用江户（现在的东京）紫草染成的紫色命名为"江户紫"。"今紫"是"江户紫"的别称，也是与当时流行的"古代紫"相对应的色名。

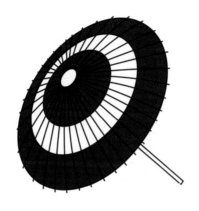

No. 006

■ No. 006
C 60 / M 95 / Y 30 / K 25

京 紫

（きょうむらさき）

　　带有红色调的深沉的紫色。当
时，新兴城市江户流行"江户紫"，
为了与之区分，便将京都的紫称为
"京紫"，故"京紫"这个色名亦形
成于江户时代。"京紫"的颜色和
"古代紫"相近。

No. 007

No. 007
C 80 / M 100 / Y 40 / K 0

似 紫

（にせむらさき）

江户时代，禁色制度有所放松，"似紫"开始在民间盛行。

原本，只有用紫草根染成的颜色才叫紫色，但因原料价格高昂、工序复杂，人们开始用苏枋和茜草代替紫草根染色。同时，在媒染剂上大煞苦心，最终取得了与紫染相近的染色效果，就是似紫。

No. 009

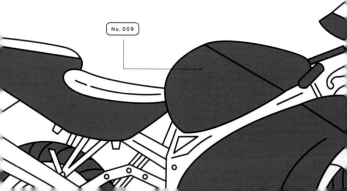

No. 008

C 75 / M 95 / Y 25 / K 25

No. 008

古代紫

（こだいむらさき）

古代紫是带有黑色的、暗淡的紫色。与时下流行的华丽多变的紫色相对，"古代紫"意味着过去正宗的紫色，是江户时代的染色职人为了商业噱头而取的色名。不过，《延喜式》中并没有规定古代紫就要用过去的染色方法制成。

No. 009

C 55 / M 60 / Y 15 / K 35

二蓝

（ふたあい）

用红花底染，再用蓝草叠染后得到的颜色就是二蓝。日语中"红"的语源是"吴蓝（くれあい）"，因此在红花染的基础上再用蓝草染色，即进行了两次染色，故名"二蓝"。关于二蓝中红蓝的比例，年轻人喜欢蓝色淡一些，年长的则喜欢红色淡一些。使用者的年龄跨度越大，二蓝的色域也越广。

No. 010
C 80 / M 75 / Y 0 / K 0

桔梗色

（ききょういろ）

如秋天七草之一的桔梗花一样鲜艳的蓝紫色。"绀桔梗""红桔梗""桔梗纳户"等色名中带有"桔梗"的变化形式也有很多，因此"桔梗色"成了蓝紫色的代名词。

■ **No. 010-A**
C 90 / M 75
Y 0 / K 5

绀桔梗

（こんききょう）

■ **No. 010-B**
C 50 / M 75
Y 0 / K 5

红桔梗

（べにききょう）

■ **No. 010-C**
C 70 / M 65
Y 20 / K 40

桔梗纳户

（ききょうなんど）

No. 011
C 70 / M 70 / Y 0 / K 0

菫色

（すみれいろ）

像菫菜花一样微微泛蓝的紫色。早在万叶时代，菫菜花就为人所熟知，菫色也成了日本衬袍的颜色之一。但"菫色"真正成为一般色名却是在近代，作为英文色名"Violet"的译名来使用。

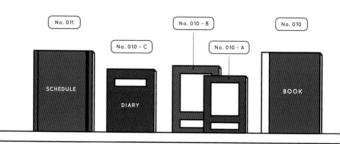

No. 012
C 85 / M 90 / Y 0 / K 0

菖 蒲 色

（あやめいろ・
しょうぶいろ）

■ **No. 012-A**
C 75 / M 80 / Y 5 / K 0

I r i s

　　像菖蒲科的多年生草本植物菖蒲花一样、带有蓝调的紫色。"菖蒲"在日文中的读音和"尚武""胜负"一样，所以菖蒲色也就成了端午节的装饰用色（日本的端午节在公历 5 月 5 日，经过演化，已成为祝愿男孩健康成长的节日。编者注）。英文色名中的"Iris"指鲜艳的紫色，和菖蒲色颜色相近，是鸢尾科植物花朵颜色的总称。

No. 013
C 70 / M 90 / Y 10 / K 0

杜 若 色

（かきつばたいろ）

　　杜若是鸢尾科多年生草本植物，杜若花成熟后的颜色即杜若色。杜若色是比菖蒲色更红一些的紫色。曾经，人们将这种花的汁液涂在布上染成紫色，因此花名被称为"书写花"。后来经过演变，"书写花"才确定为"杜若花"。

No. 013　　　　　No. 012 - A　　　　　No. 012

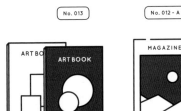

No. 014
C 40 / M 40 / Y 0 / K 0

藤 色

（ふじいろ）

　　明亮的淡紫色，和豆科藤蔓性落叶灌木紫藤花的颜色一样。紫藤生长在日本各地，万叶时代的和歌中就多有歌咏。平安时代，"藤色"才作为色名被固定下来，表示淡淡的蓝紫色系的颜色。长久以来，藤色都是日本女性所钟爱的颜色。

No. 015
C 40 / M 50 / Y 0 / K 5

藤 紫

（ふじむらさき）

　　藤紫是比藤色稍浓一些的紫色。明治时代之后，藤紫色的和服在女性中大受欢迎。"藤紫"是为了和藤色区分开而取的色名，除此之外，还有"红藤"——带有红色的藤色、比红藤更淡的"薄红藤"，以及稍微带些鼠色的"藤鼠"等色名。

No. 015

No. 014

No. 016

C 70 / M 95 / Y 50 / K 20

桑葚色

（くわのみいろ）

桑葚是桑科落叶乔木桑树的果实，桑葚色就是像桑葚一样深暗的红紫色。平安时代，已经开始用桑树的树皮和树根染色，染成的黄褐色叫"桑染"或"桑色"。到了江户时代，为了避免混淆，才将这种颜色命名为"桑葚色"。

No. 015-A

C 30 / M 45 / Y 0 / K 0

红藤

（べにふじ）

No. 015-B

C 15 / M 25 / Y 0 / K 0

薄红藤

（うすべにふじ）

No. 015-C

C 35 / M 35 / Y 5 / K 25

藤鼠

（ふじねず）

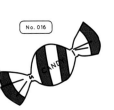

No. 016

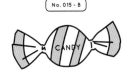

No. 015 - B

No. 015 - A

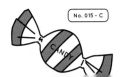

No. 015 - C

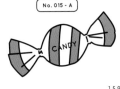

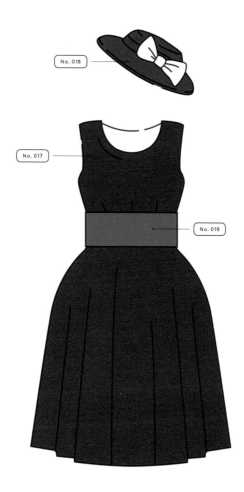

No. 018

No. 017

No. 019

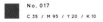

No. 017
C 35 / M 95 / Y 20 / K 10

骨螺紫

(Tyrian Purple)

古时，地中海沿岸腓尼基地区的岛屿上，有一种名叫染料骨螺的贝类，用这种贝类的黏液染成略微浑浊的红紫色就叫骨螺紫。早在公元前 15 世纪，人们就开始用染料骨螺染色，这是最古老的紫色染色法。不过到了中世纪，这种染色法不幸失传，直到现在，也未能完全再现当时的骨螺紫。

No. 018
C 60 / M 80 / Y 0 / K 0

紫红色

(Mauve)

紫红色是一种鲜艳明亮的紫色。19 世纪末，由沥青中的提取物偶然制出，也是一种化学染料。英国维多利亚女王在出席万国博览会时穿的就是紫红色的裙子，因此这种颜色也被称为 "Victorian Mauve"，并在民间出现爆炸性的流行。

No. 019
C 50 / M 60 / Y 5 / K 0

紫水晶

(Amethyst)

紫水晶是一种半宝石，呈现出浓厚的红紫色。《圣经·旧约》和《启示录》中都将紫水晶视为十二宝石之一。从 16 世纪开始用作色名。

No. 020

No. 020
C 80 / M 75 / Y 0 / K 0

天芥菜色

(Heliotrope)

　　天芥菜是紫草科植物，如天芥菜花一样明亮的蓝紫色就是天芥菜色。因为天芥菜总是朝向太阳，所以它的色名"Heliotrope"由希腊语的"太阳（Helios）"和"朝向（Trope）"组合而来。天芥菜花有着和蔷薇一样甜甜的芳香，可作为香水原料，因此有"香水紫"的别称。

No. 021

	No. 021
	C 20 / M 60 / Y 0 / K 0

番 红 花 色

（Crocus）

番红花是鸢尾科植物，呈现出淡淡的红紫色。在希腊神话中，番红花是因失恋而死的美少年克罗卡斯 (Crocus) 的化身，也是从被囚禁的普罗米修斯流出的鲜血中长出的花。而最初，番红花色似乎是藏红花黄色花蕊的色名。

No. 022

No. 022
C 35 / M 35 / Y 10 / K 0

薰衣草色

(Lavender)

薰衣草是唇形科常绿植物，像薰衣草的花一样明亮的淡紫色就是薰衣草色。日本的传统色名中用"藤"来表示浅紫色，但在西方，薰衣草就是浅紫色的代名词，受到欧洲全境的喜爱。从古罗马时期开始，薰衣草就被用作镇静剂和香料。

No. 023

No. 023
C 35 / M 55 / Y 0 / K 0

紫丁香色

(Lilac)

丁香是原产于东欧的木犀科落叶植物，如同丁香花一般带有红色的淡紫色就是紫丁香色。在化学染料出现之后的 20 世纪初期，紫丁香色和法语中的"Lilas"一同成为大受欢迎的颜色。

No. 024

No. 024
C 30 / M 100 / Y 30 / K 50

黑加仑酒色

(Crème de Cassis)

黑加仑酒是法国代表性的利口酒之一，像它一样带有深红的紫色就叫黑加仑酒色。黑加仑，茶藨子亚科落叶灌木的果实，是一种近乎黑色的深紫色果实。

不同权威意义下的紫

　　不论是东方还是西方，都是自古就发现了紫色的染料。在日本，人们用紫草的根染制紫色，但如果要染成深紫色就需要大量的紫草，染色技法和工序也相应变得复杂，故深紫色因其稀缺性而成为一种高贵的颜色。古代，官服的颜色由官阶决定，深紫色是最高级别官位的官服，原本是一种禁色，后经敕许才被允许使用。

　　与日本不同，西方是用某种贝类和软体动物分泌出的黏液染制出鲜艳的紫色。要得到 1 克紫色染料，需要耗费 2 000 个以上稀少又昂贵的贝类，而要从中提炼出色素则更加困难，因此，紫色就成了象征最高权威的颜色。

　　希腊神话中记载，紫色是众神衣服的颜色。《旧约·圣经》中，为耶和华举行的礼拜中，紫色仅限于祭司的衣服。以色列王国所罗门国王用紫色的布装饰耶路撒冷神殿，据说埃及艳后将船帆的颜色也染成了紫色。紫色是只有古罗马帝国皇帝及皇位继承者才能使用的特权色，其他人如果将紫色穿在身上会被处以死刑。现存的拜占庭时期的镶嵌画中，将皇帝和皇后比作圣人，而他们所穿衣服的颜色就是紫色。公元 9 世纪前后，由于古老的染制紫色的方法失传，紫色逐渐淡出人们的视野。直到 15 世纪，人们发现从介壳虫等生物中可以提取出紫色，于是紫色又重新成了最高级别神职人员衣服的颜色。现在的天主教会中依然仅允许枢机使用紫色。

茶

（ちゃ）

茶色是以日本的 6 个基本色名（白、黑、红、黄、绿、蓝）为基准使用的色名。茶色是各种颜色的混合，是一种中间色。古代日本并没有概括茶色系的颜色色名，直到室町时代，人们开始用茶叶染色才出现了"茶色"。到了江户时代，"茶色"已经成了所有茶色系的统称。在西方，与茶色相对应的颜色是"Brown"，9 世纪开始就作为基本色词固定了下来。自然中有很多茶色的元素，比如树干、土壤、动物的皮毛和羽毛等，人的肌肤、毛发、食物和菜肴中也常常能看见茶色的身影。茶色在我们的生活中如此常见，因此它能带给人温暖和舒适。

 No. 001

C 10 / M 70 / Y 100 / K 60

褐色

（かっしょく）

　　褐色是混杂着黑色的茶色，是茶色系中的深色。"褐"意味着皱巴巴、脏兮兮的衣服，会让人联想到未经漂白的、脏脏的麻布颜色。

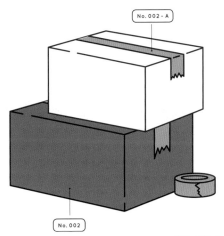

No. 002 - A

No. 002 - A

No. 002

No. 002 - A
C 10 / M 30 / Y 50 / K 20

桑色白茶

（くわいろしろちゃ）

No. 002
C 30 / M 45 / Y 80 / K 30

桑染 · 桑色

（くわぞめ · くわいろ）

桑树是桑科植物，将桑树皮或桑树根熬煮后，用碱水做媒染剂染出的黄褐色就是桑染，也叫桑色。所有以桑树为原材料的草木染统称为桑染。桑染的颜色从浅到深，跨度很广，丰富多样。桑染中较明亮的颜色被称为"桑色白茶"。

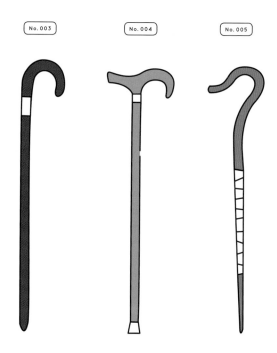

No. 003　　No. 004　　No. 005

No.003
C 0 / M 55 / Y 40 / K 70

桧皮色

（ひわだいろ）

柏科常绿乔木扁柏、花柏统称桧木，它们的树皮颜色就是桧皮色，是带有深灰的茶色。"桧皮色"出现在平安时代，是一个古老的色名。因桧木常用来生火，所以"桧"的语源来自日语中的"火之木"。桧木是日本人非常熟悉的植物，后人也将"桧皮色"称为"树皮色"。

No.004
C 15 / M 50 / Y 65 / K 0

伽罗色

（きゃらいろ）

伽罗在日语中是"沉香"的意思，用伽罗染制而成的颜色就是伽罗色，也叫"沉香色"，是泛红的黄色。平安时代，伽罗是香木中的至宝，非常珍贵。而将"伽罗"用作色名，是平安时代之后的事情。用酱油调味的日式小菜"伽罗蕗"和"伽罗牛蒡"的颜色就很像伽罗色。

No.005
C 30 / M 60 / Y 70 / K 0

丁子色·丁字色

（ちょうじいろ）

丁子香是桃金娘科的常绿乔木，用丁子香的树皮或花染成的微微带有暗红的黄色就是丁子色。丁香花在英语中读作"Clove"，自古以来就是一种香料或调味料。所有用丁子香木染成的颜色统称为"香色"。

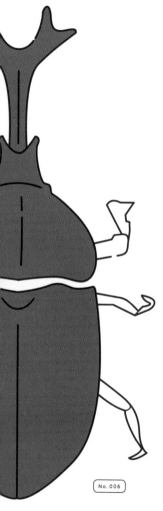

No.006
C 0 / M 40 / Y 55 / K 60

黄栌色

（はじいろ・はぜいろ）

　　黄栌是漆树科的落叶小乔木，用煎煮后的黄栌树皮染成暗黄的红色就是黄栌色。黄栌的叶子在秋天会变成鲜艳明亮的红叶，因此也有"黄栌红叶"这种颜色，是衬袍颜色中同属于红色和黄色的颜色。

No.006

No. 007
C 0 / M 20 / Y 30 / K 70

空五倍子色

（うつぶしいろ）

　　漆树科落叶小乔木盐肤木（又名五倍子树）的枝干上常常寄生着一种蚜虫，这种蚜虫幼虫聚集起来形成一个名叫"五倍子"的瘤。因这种瘤的内部是空的，所以也叫"空五倍子"。用五倍子染成的暗沉浑浊的茶色就是"空五倍子色"。五倍子自古以来就用作药材、染料和涂黑牙齿的原料（古代日本贵族有染黑牙齿的习俗。编者注）。

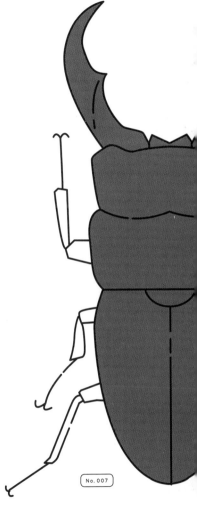

No. 007

No.008
C 30 / M 85 / Y 80 / K 50

橡 色

（つるばみ）

栎树、枹树和槠等山毛榉科树木的果实统称为"橡子"，用橡子染成的颜色就是橡色。平安时代还没有"茶色"，用杂木的树皮染成的颜色都称为"橡"。因橡色的染色材料容易获取，染色工序简单，染出的颜色持久度高，橡色也成了平民百姓服饰中常用的颜色。

No.009
C 25 / M 65 / Y 100 / K 50

黄 橡

（きつるばみ）

黄橡就是用橡子染成的、泛黑的红黄色。在橡色中，根据媒染剂的不同，染成的颜色也各不相同。比如呈现明亮质感的橡染叫"白橡"，泛红的白橡叫"红白橡"，带有青色的白橡叫"青白橡"等，橡色拥有丰富的色彩变化。

No. 010

No. 009 - B

No. 009 - C

No. 009 - A

No. 010
C 25 / M 65 / Y 100 / K 35

木兰色

（もくらんじき）

使君子科植物诃子产自印度，诃子的果实捣碎后染成的颜色叫木兰色，是一种温吞的、明亮的黄褐色。在中国，诃子也叫"诃黎勒"，是一种中药药材。日本古代的《大宝律令》中，记载着"黄橡"这一色名，实际上和木兰色一样。

No. 009 - A
C 15 / M 45 / Y 40 / K 25

白橡

（しろつるばみ）

No. 009 - B
C 15 / M 55 / Y 35 / K 25

红白橡

（あかしろつるばみ）

No. 009 - C
C 40 / M 35 / Y 40 / K 25

青白橡

（あおしろつるばみ）

No. 011

No. 011
C 20 / M 85 / Y 90 / K25

蒲色 · 桦色

（かばいろ）

蒲色是指香蒲科多年生草本植物——香蒲穗子的颜色，是带有强烈红色的茶色。"桦"是香蒲的别名，平安时代，蒲色也称为桦色，指用蒲樱（日文写作"桦樱"）的树皮染成的颜色。后来桦色演变成香蒲穗子的颜色，但在色名上，"蒲色"和"桦色"并不作区分使用。

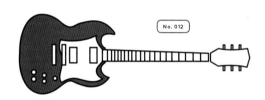

No. 012

No. 012
C 10 / M 80 / Y 85 / K20

蒲茶 · 桦茶

（かばちゃ）

蒲茶即带点蒲色的茶色。江户时代中期，蒲茶染大为流行，据说当时的蒲茶色和桦茶色在色调上仅存在极其细微的差异。英语色名"Burnt Orange"和蒲茶色相近。

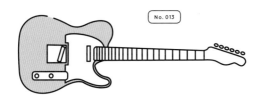

No. 013

No. 013
C 15 / M 20 / Y 35 / K0

亚麻色

（あまいろ）

亚麻，亚麻科一年生草本植物。亚麻色即亚麻线的颜色，是带有亮灰调的茶色。欧洲从公元前就已经开始种植亚麻，人们从亚麻秆中抽取纤维织成亚麻布。英语用"Flax"来形容这种淡淡的金色。

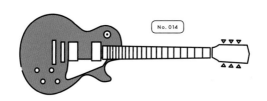

No. 014

No. 014
C 35 / M 45 / Y 70 / K10

朽叶色

（くちばいろ）

叶片枯萎后呈现的颜色。日本工业标准（JIS）中记载，朽叶色是带有红灰色的黄色。平安王朝时，有"朽叶四十八色"之说，足见朽叶色的变化丰富。此外，日本衬袍的颜色中，还有"黄朽叶""红朽叶""青朽叶"，等等。

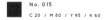

No. 015

C 20 / M 80 / Y 95 / K 60

栗 色

（くりいろ）

栗子是山毛榉科落叶植物栗树的果实，如同栗子表皮一般、带有光泽的暗茶色就是栗色。对日本人来说，栗子是从远古开始就非常熟悉的一种食物，而栗色系中的不同颜色也有丰富多样的色名表现，如"落栗色""栗皮色""栗皮茶"等。

No. 017

No. 016

No. 016

C 10 / M 50 / Y 60 / K 0

小 麦 色

（こむぎいろ）

如同禾本科植物小麦的麦粒一样、泛着橙色的亮茶色就是小麦色。英语色名中与之相对应的是"Wheat"，从18世纪初期开始使用，形容带有黄色的浅茶色，是普通色名。此外，还有表现小麦的加工品——饼干颜色的"Biscuit"等丰富的色彩表达。

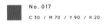

No. 017

C 30 / M 70 / Y 90 / K 20

榛 色

（はしばみいろ）

榛子是桦木科落叶乔木榛树的果实，成熟的榛子呈现泛黄的茶色，这种颜色就是榛色，也就是英语色名"Hazelnut"。在莎士比亚的戏剧作品中，用"Hazelnut"形容有着明亮茶色的瞳孔颜色。

No. 016 - A

C 5 / M 55 / Y 70 / K 0

Biscuit

No. 018
C 50 / M 70 / Y 65 / K 60

鸢 色

（とびいろ）

鸢是小型猛禽，鸢色从鸢的羽毛颜色而来，是灰灰的茶色。实际上，鸢色指的是比鸢的羽毛更暗一些的颜色，是江户时代具有代表性的色名。因鸢广泛栖息于日本各地，由此延伸出的色名也丰富多样，如"鸢茶""黑鸢""蓝鸢"等。

No. 019
C 25 / M 75 / Y 75 / K 30

雀 茶

（すずめちゃ）

取自雀科鸟类——麻雀头部羽毛的颜色，是红黑调的茶色。像麻雀背部羽毛一样，带有灰绿调的茶色则是"雀色"。江户时代，雀茶和雀色都是非常流行的颜色。不论是过去还是现在，麻雀都是人们日常生活中常见的鸟类，与人亲近，受人喜爱。

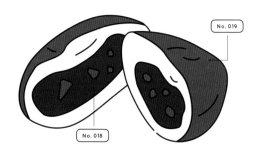

No. 019

No. 018

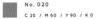

No. 020
C 20 / M 60 / Y 90 / K 0

狐 色

（きつねいろ）

　　像狐狸毛一样，混杂着红色和黄色的亮茶色。现在，狐色也用来形容烤得恰到好处的食物颜色。英语中与"狐色"相对应的色名是"Fox"，表示晒伤或是旧书发霉的颜色等，带有消极意味。

No. 021
C 10 / M 40 / Y 60 / K 15

骆 驼 色

（らくだいろ）

　　骆驼色取自骆驼毛的颜色，是浅浅的明茶色。虽然家养骆驼的历史已经超过 4 000 年，但在日本，骆驼被大众熟知却是在江户时代中后期。相较于传统色名"骆驼色"，日本人反而对英语色名"Camel"更为熟悉。

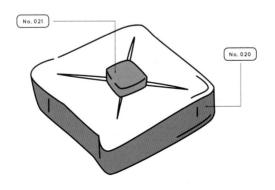

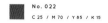

No. 022

C 25 / M 70 / Y 85 / K 15

团十郎茶

（だんじゅうろうちゃ）

団十郎茶是和柿色相近的红茶色。江户时代中期，拥有超高人气的歌舞伎演员——第五代市川团十郎在表演狂言剧[1]《暂》时穿着的素袍的颜色在民众间大为流行，这种颜色也就被命名为"团十郎色"。想要拥有著名演员的同款，这种心理不论是在过去还是现在，都是一样的啊。

———

1 狂言剧：日本四大古典戏剧之一。

No. 023

C 40 / M 60 / Y 100 / K 10

路考茶

（ろこうちゃ）

江户时代，歌舞伎女形演员二世濑川菊之丞（艺名：路考）在狂言剧《八百屋于七》中身着衣服的颜色后来被命名为"路考茶"。除此之外，还有取自第三代中村歌右卫门（艺名：芝翫）的"芝翫茶"，取自第二代岚吉三郎（艺名：璃宽）的"璃宽茶"等。

■ **No. 023 - A**

C 25 / M 55 / Y 65 / K 25

芝翫茶

（しかんちゃ）

■ **No. 023 - B**

C 35 / M 55 / Y 70 / K 50

璃宽茶

（りかんちゃ）

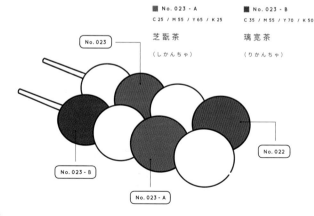

No. 023

No. 023 - B

No. 023 - A

No. 022

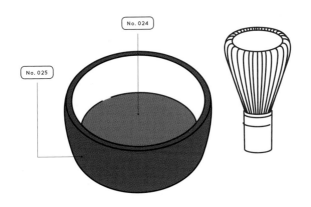

No. 024

No. 025

No. 024
C 15 / M 20 / Y 65 / K 60

利 休 色

（りきゅういろ）

利休色是呈现出强烈绿色的薄茶色。在安土桃山时代受到采茶人千利休的喜爱，但"利休色"作为色名出现在江户时代，可能是由染色职人或吴服商制造出来的。此外，还有"利休鼠""利休茶""利休白茶"等用"利休"二字表示带有绿色的浊色。

No. 025
C 55 / M 45 / Y 55 / K 55

御 召 茶

（おめしちゃ）

像是在泛着黄绿色的褐色中混入黑色后呈现的颜色。德川幕府第十一代征夷大将军德川家齐非常喜欢用这种颜色的绉绸，而日语中"穿"这个词的敬语为"御召"，所以这种颜色就成了"御召色"。那时，受茶道影响，诸如"鶸茶""莺茶"等带有朴素绿色的茶色经常被使用。

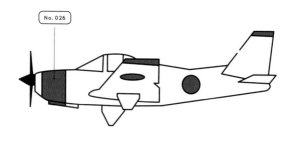

No. 026

No. 026
C 25 / M 35 / Y 80 / K 60

国防色

（こくぼうしょく）

　　指旧日本陆军军服的颜色，是
暗暗的黄茶色。最早日本陆军的
军服使用绀色，1906 年（日俄战
争结束后的第二年）改为茶褐色。
1940 年，根据《大日本帝国国民
服装令》中的规定，卡其色与国防
色的颜色更相近。

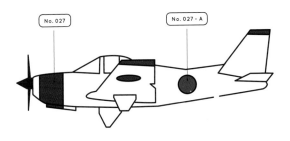

No. 027

No. 027 - A

No. 027
C 30 / M 95 / Y 100 / K 30

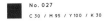

赤铜色

（あかがねいろ・
しゃくどうしょく）

No. 027 - A
C 20 / M 95 / Y 95 / K 10

Copper Red

　赤铜是日本一种独特的铜合
金，通过在铜里加入少量的金和
银形成。赤铜色是暗暗的红黄色，
奈良时代开始就被用于工艺品和
铜像中。英语色名"Copper Red"
也指铜的颜色，具体指打磨过的
铜表面呈现的带有黄调的红色，
这种颜色常常与赤铜色相混淆，
但两种颜色的色名是不同的。

No. 028
C 25 / M 50 / Y 85 / K 0

黄土色

（おうどいろ）

■ No. 028 - A
C 30 / M 40 / Y 95 / K 0

Ocher

干旱地区的沙尘堆积而成的颜色就是黄土色，是带点红色的黄色。在古代，天然的黄土是一种颜料，其中中国山西省的黄土质量优良，最为出名。英语色名"Yellow Ocher"与黄土色几乎一致，其中表示黄土的单词"Ocher"指的是黄种人皮肤的颜色。

No. 028

No. 028 - A

No. 029
C 5 / M 55 / Y 60 / K 15

土 器 色

（かわらけいろ）

土器就是没有上釉的、没有添加任何其他物质烧制而成的陶器。土器呈现的带有黑调的红茶色就是土器色。平安时代，所有烧制的器具都叫"土器"。后来，在古罗马遗址中发现了一种叫"陶瓦（Terracotta）"的土器，它的颜色是仅用赤土烧成的。

■ No. 029 - A
C 40 / M 70 / Y 80 / K 15

Terracotta

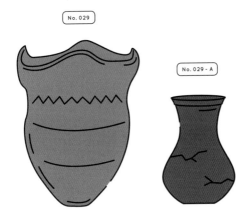

No. 029

No. 029 - A

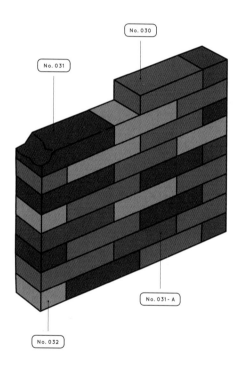

No. 030

No. 031

No. 031-A

No. 032

No. 030
C 20 / M 80 / Y 80 / K 30

砖色

（れんがいろ）

像红砖一样的红茶色。对于明治时期的日本人来说，砖色可以说是西方文明的代名词了。而在英语中，早在 17 世纪以前就出现了"Brick Red"这一色名，只不过红砖的颜色范围实在太广，到现在也没有统一的标准色。

No. 031
C 55 / M 75 / Y 70 / K 65

焦茶

（こげちゃ）

焦茶指东西烧焦之后呈现出的黑黑的浓茶色。以黄褐色颜料"Amber"做底的颜料"Burnt Umber"常常用来表现烧焦的感觉，这种颜色比"焦茶"更明亮一些，更显红色一些。

No. 031 - A
C 50 / M 75 / Y 65 / K 50

Burnt Umber

No. 032
C 0 / M 40 / Y 75 / K 35

琥珀色

（こはくいろ）

琥珀是古代的树脂化石，也是佛教七宝中的一种，呈现出透明或半透明的状态，是透着茶色的黄色。但"琥珀色"与琥珀的颜色稍有不同，琥珀色更偏茶色，是带点红的黄色。英语中用"Amber"形容琥珀的颜色，其与茶色系的"Umber"从颜色到来历都不相同。

No. 033
C 30 / M 35 / Y 70 / K 0

撒 哈 拉 色

（Sahala）

指撒哈拉沙漠沙土的颜色，来自法语，是泛灰的黄色。关于沙的颜色，英语中有"Sand Color"，日语中有"沙色"，但各地的土和沙颜色不一，所以这些色名没有明确的定义。

No. 034

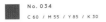

No. 034

C 60 / M 55 / Y 85 / K 30

卡 其 色

（Khaki）

"Khaki"来自梵语，指"泥土""灰尘"的颜色。卡其色的颜色范围很广，原本指带有暗黄的红色，但现在普遍指带有些微绿色的茶色。此外，卡其色还是军服颜色的代名词。

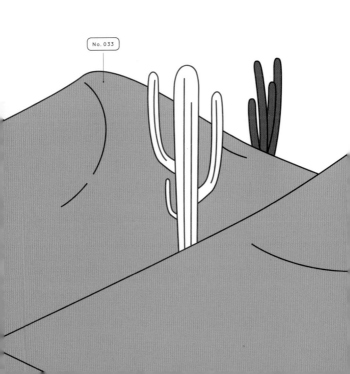

No. 033

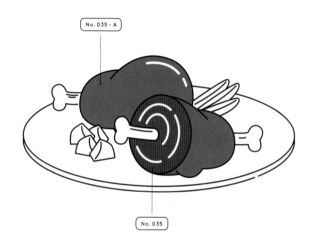

No. 035 - A

No. 035

■ No. 035 - A
C 10 / M 50 / Y 90 / K 40

Raw Sienna

 No. 035
C 30 / M 80 / Y 80 / K 0

焦赭色

(Burnt Sienna)

　　焦赭色是明亮的红褐色。
"Burnt Sienna"意为"锡耶纳烧过的土",源于意大利南托斯卡纳古城——锡耶纳烧制的砖和瓦的颜色。和用土性颜料烧制而成的颜色浓厚的"Burnt"相比,"Raw Sienna"特指生土的黄褐色。

No. 036 - A

C 15 / M 50 / Y 65 / K 50

生赭色

(Raw Umber)

No. 036

C 0 / M 45 / Y 70 / K 30

赭石

(Umber)

赭石是用氢氧化铁和二氧化锰制作而成的土性颜料，呈暗黄褐色。"Umbria"是意大利城市翁布利亚，据说翁布利亚的土质优良，所以用"Umber"命名赭石。没有经过烧制的赭石颜色叫"生赭色"。

No. 037
C 40 / M 85 / Y 65 / K 65

桃花心木色

（Mahogany）

即像桃花心木木材一样的暗茶色。桃花心木是楝科树木的统称，尤其以热带美洲出产的为佳，其木质细腻、坚硬，是制作家具的优质材料，经打磨使用后表面会有光泽。

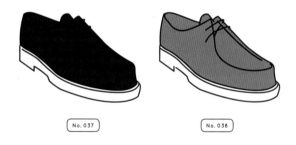

No. 037　　　　　　　　No. 038

No. 038
C 20 / M 60 / Y 55 / K 0

肉桂色

（Cinnamon）

将樟科常绿乔木肉桂的树皮干燥后可制成一种名叫肉桂的香料，香料呈现的泛白的红茶色就是肉桂色。肉桂同时带有甜味和辣味，还有一股独特的芳香。肉桂是在江户时代中期传入日本的。

No. 039
C 35 / M 100 / Y 70 / K 60

栗 色

（Maroon）

原产于西班牙的大颗粒、带浓烈红色的栗子颜色。即使在欧洲，栗子也十分常见，是晚秋到初冬时节的特产，有各种栗子甜点、栗子菜肴。

不同范畴中的茶色

　　茶色系拥有跨度广泛的颜色，但一直没有一个统一的称呼。直到江户时代，"茶"这个字才出现在许多色名里。随着染色技术的进步，人们渐渐可以用低成本制作出鲜艳的颜色，也可以染出细微的颜色变化。但在严密的等级制度下，《奢侈禁止令》时常颁布，规定甚至会细化到平民百姓的衣服颜色和材质。即使在种种制约下，也总有人希望与众不同，想要潇洒漂亮和把玩文字的乐趣。为此，染色职人们不断试错、不断努力。就是在这样的背景下，日本诞生了"四十八茶百鼠"这样纯粹的色彩文化。

　　"四十八茶百鼠"中的"四十八"和"百"并非指颜色的数量，仅仅表示数量很多。出于商业目的考虑，人们常常赋予茶色和鼠色新的色名。实际上茶色也好，鼠色也好，据说每一种都有 100 种以上的色名。当然，像茶色和鼠色这种并不艳丽的颜色竟然有如此丰富的种类，除了江户时代人们"纯粹"的赏玩之心外，想必和茶色本身就是由多种颜色混合而成的中间色有关吧。据说现在日本人分析、分辨细微色彩的能力在世界上也是首屈一指的。

　　日本人在制约下创造了丰富的茶色，并享受其中。而西方国家是在日常生活中将茶色做了细致的区分，比如色调不同的头发、瞳孔、皮肤的颜色，日常食用的肉类和小麦加工品烧制后的颜色，用不同地区颜色各异的石头和砖块搭建的建筑物颜色等。西方对茶色的分类角度，与日本大有不同。

（くろ・しろ）

黑色是吸收光谱内所有可见光颜色的统称，语源来自"暗（くら・くろ）"。减法混色（CMY）三原色混合在一起虽说可以得到黑色，但纯粹的黑色在现实中是不存在的。不反射任何光的黑色是一种不吉利的颜色，带有"死亡""不幸""阴暗""浑浊""罪""魔"等印象。相反，白色是反射光谱内所有可见光的颜色的统称，可通过加法混色（RGB）三原色混合而得。但和黑色一样，现实中同样没有纯粹的白色。白色象征"清洁""清纯""洁白""纯粹"等。

No. 001

No. 001
C 70 / M 50 / Y 50 / K 100

漆 黑

（しっこく）

　　漆黑是指漆器涂上黑漆后呈现的、带有光泽感的不透明的黑色。完全没有光线照射的地方会被称为"漆黑的地方"，光泽亮丽的黑发会被形容为"漆黑的头发"，诸如此类。当形容高纯度、程度最高的黑色时会使用"漆黑"这个词。

No. 002

 No. 002

C 15 / M 20 / Y 35 / K 55

生壁色

（なまかべいろ）

指刚涂好、还未干透的土壁的颜色。生壁色范围很广，从带有茶色的浓灰色到带有灰色的茶褐色都可以是生壁色，因此很难判断它属于鼠色系还是茶色系。江户时代，生壁色已经开始作为布料的染色，现在也用于和服的颜色中。

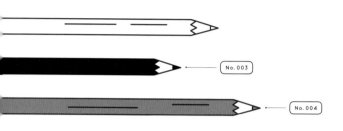

No.003 ← No.003

No.004 ← No.004

■ No.003
C 95 / M 80 / Y 75 / K 40

铁 色

（てついろ・くろがねいろ）

　　铁色是带有绿色和蓝色的暗灰色。铁色并不是指铁打磨后呈现出的带有光泽的颜色，而是铁烧过的颜色，也指含有铁成分的陶器釉药的颜色。

■ No.004
C 20 / M 10 / Y 5 / K 55

铅 色

（なまりいろ）

　　没有光泽的、带点蓝色的中等明度的灰色。原本铅的颜色是带有金属光泽的亮灰色，但"铅色"这个色名指的是铅氧化后带有黑调的笨重的颜色。此外，铅色也可以用来形容暗沉的天空颜色。

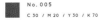 No. 005
C 30 / M 20 / Y 30 / K 70

钝色

（にびいろ・にぶいろ）

钝色是浓鼠色，带有微微的绿色和黄色，呈暗淡的灰色。"钝色"虽然是自古以来就有的色名，但关于其语源却有多种说法，到现在也并不明确。钝色多用于丧服中，因此被视为一种凶色。

No. 006
C 60 / M 40 / Y 35 / K 50

蓝钝色

（あおにびいろ）

蓝钝色指带有蓝调的灰色，也指混杂了一些蓝色的浅葱。蓝钝色是僧人常用的颜色，也常被用于凶事或与佛教有关的服饰中。另外，丧服或僧服中常用的浅浅的钝色被称为"薄钝色"。

No. 006 - A
C 10 / M 10
Y 15 / K 45

薄钝色

（うすにびいろ）

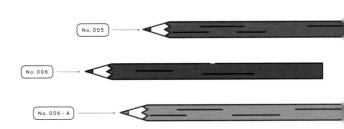

No. 005

No. 006

No. 006 - A

SUMI

No. 007

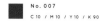

No. 007
C 10 / M 10 / Y 10 / K 90

墨 色

（すみいろ）

　　书画中使用的墨水的颜色。中国制的墨看上去偏蓝色，日本制的墨则偏红茶色。炭和煤是最古老的色材，法国拉斯科洞窟壁画就是在炭里掺入动物油脂描绘而成的。东方国家则用胶固定煤烟制作出墨。

USUSUMI

No.008

No.008

C5 / M5 / Y5 / K50

薄 墨 色

（うすずみいろ）

淡淡的墨色。自古以来，薄墨色都被用于丧服和讣告上的文字书写，因此薄墨色并不是一种吉利的颜色。顺便一提，"薄墨衣"虽然是丧服的意思，但"薄墨纸"却是指将废纸浸湿捣碎制成的再生纸，与丧事毫无关系。

No.009
C 15 / M 10 / Y 10 / K 85

消炭色

（けしずみいろ）

指炭火熄灭后炭的颜色，是接近黑色的深灰色，英语色名是"Charcoal Gray"。炭是人们古往今来都非常熟悉的事物。"消炭色"并不是日本的传统色名，说起其语源，反而是英语色名要更古老一些。

No.010
C 0 / M 10 / Y 25 / K 50

灰汁色

（あくいろ）

将麦秆或木头燃烧之后的灰，加水过滤后得到澄清的部分，就是灰汁的颜色，是带有黄茶色的、中等明度的灰色。灰汁不仅是草木染的媒染剂，还是布料的清洗剂和漂白剂，人们自古以来就有使用灰汁的习惯，英语色名是"Ash Gray"。

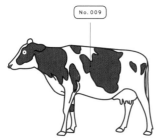

No.009

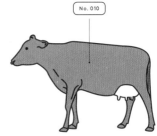

No.010

No. 011

No. 011 - A

■ **No. 011 - A**
C 0 / M 0
Y 0 / K 70

Gray

■ **No. 011**
C 15 / M 10 / Y 10 / K 65

灰色・鼠色

（はいいろ・
ねずみいろ）

　　鼠色是像灰色一样的浅黑色。日本传统色名中没有用"灰色"命名的颜色，江户时代才第一次在色名中使用"鼠"字。"鼠色"和现在英语中的"Gray"指同一种颜色，日本工业标准（JIS）中将灰色定义为"介于白和黑色之间的，中等明度的无彩色"。

No. 012

■ No. 012
C 90 / M 90 / Y 0 / K 65

乌羽色·濡羽色

（からすばいろ·
ぬればいろ）

　　乌羽色是如同乌鸦羽毛一样，带有光泽的黑色。树木或土壤被水浇湿后，颜色变暗，稍有光泽，这种颜色称为"濡色"，也因此有了"濡乌"这个色名。乌羽色还是对日本女性美丽黑发的赞美。

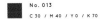

No. 013
C 30 / M 40 / Y 0 / K 70

鸠羽色

（はとばいろ）

鸠羽色即像野鸽子的羽毛一样，暗灰的紫色。从明治时代开始，鸠羽色就作为和服的颜色，受到大众青睐，即使是现在也常常出现在和服上。"鸠羽鼠"是彩度低于鸠羽色、带有淡淡紫色的鼠色。

No. 014
C 45 / M 35 / Y 35 / K 15

素鼠

（すねず）

素鼠是不含红、蓝两色的，纯粹的中等明度的灰色，"素"就是没有混入任何其他物质的意思。素鼠色作为一种凶色，在使用上多有忌讳，但从江户时代中期之后，素鼠作为一种纯粹的颜色也渐渐受到人们的喜爱。

No. 015
C 30 / M 20 / Y 20 / K 5

银鼠

（ぎんねず）

银鼠是接近于白色的鼠色。银在日语中读作"shirogane"，属于白色系[1]。几乎所有接近白色的亮灰色都被称为"白鼠"。银鼠与英语色名"Silver Gray"所指的几乎是同一种颜色。

1　日语中"银"的读音"shirogane"包含了"白"的读音"shiro"。

No. 015 - A
C 5 / M 0 / Y 0 / K 30

Silver Gray

No. 014

No. 015

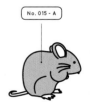

No. 015 - A

No. 016
C 0 / M 20 / Y 5 / K 50

樱鼠

（さくらねず）

　　樱鼠是带有些许樱色、明度较低的鼠色，是江户时代的流行色名。同色调的有"灰樱（はいざくら）"，是带有点点灰色的樱色。江户时代，江户城内火灾频繁，人们因此讨厌"灰"这个字，色名中也就不常使用了。

No. 017
C 20 / M 0 / Y 10 / K 50

浅葱鼠

（あさぎねず）

　　带微微浅葱色的鼠色。江户时代后期，人们在鼠中加上一点其他的颜色，使其色调发生变化，便产生了如"藤鼠""梅鼠"等颜色。同时，人们热衷于调制不同的色调并在色名上下功夫，由此产生了当时独特的色彩文化。

No. 017 - A
C 15 / M 35 / Y 25 / K 40

梅鼠

（うめねず）

No. 018
C5 / M0 / Y5 / K0

铅 白

（えんぱく·
えんぱく）

用碱式碳酸铅制作而成的乳白色就是铅白。铅白作为一种人工制成的白色颜料，有着非常悠久的历史。过去，日本和西方国家都使用铅白，但铅白有很强的毒性，现在已经不再使用了。铅白用于绘画，是在文艺复兴之后逐渐开始的。

No. 019
C5 / M5 / Y5 / K0

白 亚

（はくあ）

白亚是白垩纪时期堆积的虫类和贝类化石的统称，自古以来用于颜料和画材。白亚是没有光泽的白色。现在习惯用"白亚的殿堂"来形容白色的巨大建筑，但其实应该用代表未经涂漆的"白垩"。现在，不论什么材质的纯白色，都可以用"白亚"来形容。

No. 018

No. 019

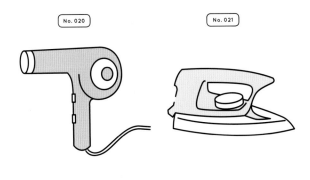

No. 020

C 5 / M 15 / Y 40 / K 5

砥 粉 色

（とのこいろ）

带有黄调的灰色。所谓砥粉，是在切割砥石（磨刀石）或烧黄土时产生的粉末。砥粉除了可以用来研磨刀剑，还可以用于化妆、给漆器涂底和给地板、柱子上色。

No. 021

C 5 / M 5 / Y 10 / K 5

灰 白 · 灰 白 色

（はいじろ・
かいはくしょく）

灰白是带有灰调的、稍微泛黄的白色。英语中"Off White"也指稍微混有其他颜色的白，但并没有特定的具体定义。只要接近白色，不论呈现出哪一种色调都可以统称为"灰白"或"灰白色"。

No. 022

C0 / M5 / Y20 / K0

练 色

（ねりいろ）

微微泛黄的白色。将生丝反复揉搓直至柔软，可以得到"练丝"。"练丝"指没有经过漂白、染色的生丝。将"练丝"继续反复揉搓，会得到更加明亮、偏白的颜色，叫做"白练"。

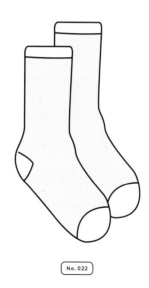

No. 022

生 成 色

（きなりいろ）

泛黄的白色。生成色是天然纤维的颜色，诞生于 20 世纪 70 年代后半期。过去，人们将没有进行过任何加工的、事物原本的颜色称为"素色"。"练色"也是一种素色，但仅限于形容丝制品，而生成色不但可以形容木、棉、麻等植物纤维，还可以形容羊毛等动物纤维，使用范围很广。

No. 023

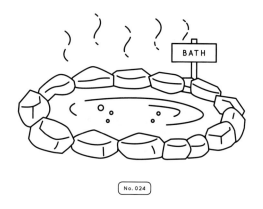

No.024

No.024
C5 / M0 / Y10 / K0

乳 白 色

（にゅうはくしょく）

通常指如同乳汁一样不透明的白色，可以形容温泉水。与自古乳畜业就很发达的欧洲不同，日本并没有乳畜传统，因此乳白色不是日本的传统色名。

No. 025

No. 025

C5 / M0 / Y10 / K5

卯花色

（うのはないろ）

　　虎耳草科落叶灌木溲疏在初夏时节会盛开像雪一样的白色小花，人们把这种花称为卯花，其颜色也就是卯花色。"卯花"是万叶时代起就有的古老色名，但从来不直接指白色。此外，日本人烹制豆渣时所说的"卯之花"，也来自这种白色小花。

No. 026
C 30 / M 20 / Y 20 / K 100

炭 烟 · 炭 黑

(Lamp Black ·
Carbon Black)

炭烟是从煤中提取出的黑色颜料。古时候，从油烟或油灯中提取出的炭烟常用于制墨或刺青。炭黑是工业制造的炭素微粒，是现在最普通的黑色颜料。

No. 027

C 60 / M 60 / Y 90 / K 60

乌 贼 墨 色

(Sepia)

　　日本人将看起来接近黑色的茶色称为"乌贼墨色"，但原本这个色名指的是暗灰的黑色。西方很早就将乌贼喷的墨汁作为一种颜料，用于写字和绘画中，现在也会用来表现怀旧的氛围。

No. 028

No. 029

No. 030

No. 028
C 60 / M 45 / Y 35 / K 10

岩 灰

(Slate Gray)

欧洲各国修建屋顶所用板岩的颜色。根据产地不同，板岩的颜色从混黑色到灰褐色，呈现出不同的色调。一般来说，板岩呈浓暗的灰色。"Slate Gray"也可以译成板岩色或磐岩色。

No. 029
C 10 / M 0 / Y 5 / K 15

雾 色

(Fog)

指因雾气而变得迷蒙不清，带有些许蓝色的灰色。在多雨多雾的英国，甚至有"Mist"和"Haze"等丰富的表达来形容这种因雾而起的、淡淡的灰色。但因雾气中水蒸气的含量不同，雾的浓度也会发生变化，所以雾色到底是一种什么颜色并没有明确定义。

No. 030
C 5 / M 0 / Y 0 / K 0

雪 白 色

(Snow White)

像雪一样的纯白色，是最古老的色名之一，但在视觉上并没有特定指某一种颜色，一般多用来形容白色。与雪白色一样用来表现纯白色的色名还有"Frosty White"，表示像霜一样的白色。

No. 031
C0 / M0 / Y0 / K0

锌白色 ·
钛白色

(Zinc White ·
Titanium White)

锌白色和钛白色是没有光泽的、不透明的白。两种颜料都很受欢迎，只不过锌白取自氧化锌，而钛白取自二氧化钛。虽然它们都是白色颜料，但二者的着色力不同，因此使用在绘画中也有明确的区分。

No. 032
C5 / M5 / Y5 / K5

珍珠白

(Pearl White)

珍珠白是带有光泽感的灰白色。珍珠因发射光的不同，表面会呈现出不同的颜色，在色名里加上"Pearl"，可以表现有光泽感的浅色，比如"Pearl Pink"和"Pearl Gray"。

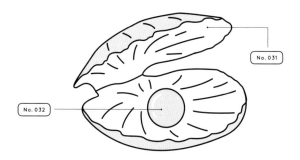

No. 031

No. 032

No. 033

雪 花 石 色

(Alabaster)

即像雪花石一样，拥有澄净透明感的白色。雪花石是一种和大理石类似的半透明白色矿物，日本人称为"雪花石膏"。在古代，所谓的"雪花石"其实是一种用于建筑材料的"方解石"，是强度更高的石头。

象牙白

(Ivory)

即象牙色，是带有光泽感的泛黄的白色。在西方，象牙自古就被当成工艺材料备受珍视，古罗马的宫殿里就用象牙作装饰物。"Ivory Black"是通过燃烧象牙得到的一种黑色颜料，呈泛红的、有透明感的黑色。

No. 034 - A

No. 034

No. 035

C 0 / M 15 / Y 30 / K 25

米 色

（Beige）

米色是稍稍带点茶色的、明亮
的黄灰色。现在对米色的素材没有
特别的限定，但在过去，米色特指
没有经过漂白或染色的、天然羊毛
的颜色。在法国，未经过晒洗的麻
布的颜色被称为"Écru"。

No. 035 - A

C 5 / M 20 / Y 45 / K 5

Écru

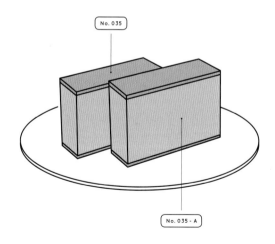

No. 035

No. 035 - A

No.036

C5 / M5 / Y15 / K0

奶白色

（Milk White）

奶白色指稍微泛黄的、不透明的白色。奶制品在欧洲是生活中非常常见的食物，因此早在 10 世纪，就已经出现了"Milk White"这个色名。另外，脱脂奶粉的颜色叫做"Skimmed Milk White"，像这样取自牛奶的色名还有很多，非常丰富。

No.036

不同明暗度的黑与白

    虽然黑色和白色是没有色相的无彩色，但却是在所有语言中都占有一席之地的颜色，是表现明、暗两个极端的、根源性的颜色。

    不论在何种文化中，象征黑暗的黑色都包含两面性，黑色意味着死亡、毁灭和破坏的同时，也是所有颜色分化之前的颜色，意味着诞生。古希腊神话中的黑夜女神倪克斯（Nyx）在死亡或长眠之后会赐予生命和苏醒；在基督教文化中，黑夜是从死亡通向新生的道路。在中国的阴阳五行说中，黑色是表现冬季万物沉寂、死后世界的色彩，但同时也是包容一切色彩的颜色，是水墨画的基色。在日本，黑色同样是一种凶色，但又从黑色和鼠色这两种凶色中发展出了丰富的色彩文化。

    古今中外，白色都被视为纯洁的象征，古埃及的神官和古罗马的巫女，侍奉神的人都穿裹着白色的布。《圣经·旧约》将光的颜色视作神的象征，伊斯兰教中，白色代表阶级的至高位。日本的神道教和佛教中，注连绳上挂着的白色纸垂、用来除恶的白盐、白砂，甚至神职人员穿的白衣都象征着清洁和干净。婚礼时穿白色的婚纱也是因为白色意味着洁净。和黑色一样，白色也有两面性，意味着衰老和生命消逝。在很多地方，白色被视为不吉利的丧色。直到 16 世纪，欧洲和现在亚洲的大部分地区，亲属吊唁时都会穿白色的丧服。非洲的一些部落，也有在服丧期将头发或身体用石灰涂成白色的习惯。

以固有名词命名的色名

☐ PAINTER ☐ HISTORICAL PERSON ☐ CERAMIC ☐ FASHION BRAND & INDUSTRIAL PRODUCT

（维米尔蓝　威廉橙　梵高黄）

　　色名的由来多种多样，以天空、土壤、动植物等自然界的事物，以及染料、颜料等色材来命名颜色是比较普遍的做法。此外，也有不少颜色是用各个时代具有代表性的艺术家或历史名人的名字、企业或品牌名命名的，用固有名词命名的颜色并不在少数。大多数人会通过这些名字联想到特定的颜色，这也是其色名的特点所在。

源自画家的色名 ❶

文艺复兴之后，绘画领域也出现了新的色彩文化，
以下就是在绘画作品中给人留下深刻印象的颜色。

☑ PAINTER
☐ HISTORICAL PERSON
☐ CERAMIC
☐ FASHION BRAND &
   INDUSTRIAL PRODUCT

拉斐尔蓝　　　　　　提香红　　　　　　乔托蓝

维米尔蓝　　　　　　伦勃朗红　　　　　凡·戴克棕

■ 乔托蓝
(Giotto Blue)

乔托蓝指13—14世纪文艺复兴初期的画家乔托·迪·邦多纳（Giotto di Bondone）使用的蓝铜矿天青石的蓝色。位于帕多瓦的斯克罗韦尼礼拜堂的壁画就大量使用了这种蓝色。

■ 拉斐尔蓝
(Raffaello Blue)

拉斐尔蓝是青金石的蓝色，得名自15—16世纪文艺复兴鼎盛时期的画家、建筑家拉斐尔·桑西（Raffaello Santi）。因拉斐尔也用这种蓝色来描绘圣母玛利亚的衣服，所以这种蓝色也被称为"圣母蓝"。

■ 维米尔蓝
(Vermeer Blue)

维米尔蓝得名自17世纪荷兰巴洛克时期的画家约翰内斯·维米尔（Johannes Vermeer），是他在《戴珍珠耳环的少女》等作品中使用的群青色。

■ 提香红
(Tiziano Red)

提香红是15世纪文艺复兴中期威尼斯画派的代表画家提香·韦切利奥（Tiziano Vecelli）爱用的一种红色。在提香的代表画作《圣母升天》中，圣母和二位使徒穿着的红色衣服就是用提香红画成的。

■ 凡·戴克棕
(Vandyck Brown)

17世纪的比利时弗拉芒画家安东尼·凡·戴克（Anthony van Dyck）常用的茶褐色被命名为凡·戴克棕，它是从煤炭的腐蚀性土壤中挖出褐煤，再去除褐煤中的杂质，精炼后得到的颜料。

■ 伦勃朗红
(Rembrandt Madder)

得名于荷兰17世纪巴洛克时期的画家伦勃朗·哈尔曼松·凡·莱因（Rembrandt Harmenszoon van Rijn）的一种暗褐色。在以暗色为基础色营造出具有立体感的明暗对比时，伦勃朗红尤其指深暗的红褐色。

源自画家的色名 ❷

合成颜料深刻地影响了绘画颜料，以下是与近代画家作品相关联的颜色。

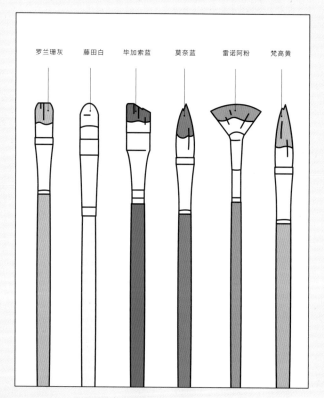

罗兰珊灰　　藤田白　　毕加索蓝　　莫奈蓝　　雷诺阿粉　　梵高黄

▓ 梵高黄
(Gogh Yellow)

19 世纪荷兰后印象派画家文森特·威廉·梵高（Vincent Willem van Gogh）在《向日葵》《夜晚咖啡馆》中使用的黄色被命名为梵高黄。梵高黄指当时新上市的合成颜料铬黄，是梵高经常使用的颜色。

▓ 莫奈蓝
(Monet Blue)

莫奈蓝取自 19—20 世纪法国印象派画家克劳德·莫奈（Claude Monet），呈淡紫色。莫奈在创作中常以淡灰色做底，在钴蓝或群青中混入铅白色来表现光线的明亮感。

藤 田 白
(Foujita White)

19—20 世纪，日本画家藤田嗣治来到法国，他创作时绘制的乳白色被命名为藤田白。藤田白是在铅白中掺入痱子粉后、有光泽感的独特白色。

▓ 雷诺阿粉
(Renori Pink)

19 世纪法国印象派画家皮埃尔·奥古斯特·雷诺阿（Pierre-Auguste Renoir）用独特的笔触绘制了许多妇女肖像画，他在画中用浓粉色表现因激动而泛红的皮肤。

▓ 毕加索蓝
(Picasso Blue)

19—20 世纪，画家、雕刻家巴勃罗·毕加索（Pablo Picasso）从西班牙来到法国。这期间他常用蓝色创作，创作了大量以普鲁士蓝为底色的写实作品，由此产生了"毕加索蓝"，这一时期也被称为"蓝色时期"。

▓ 罗兰珊灰
(Laurencin Gray)

罗兰珊灰取自 20 世纪法国女画家、雕刻家玛丽·罗兰珊（Marie Laurencin），她用带有粉色或水色的、明亮柔和的灰色描绘了众多女性形象。

源自历史名人的色名

颜色的历史，也是人的历史。有不少颜色的色名正
是来自传说或历史上的名人。

☐ PAINTER
☑ HISTORICAL PERSON
☐ CERAMIC
☐ FASHION BRAND &
   INDUSTRIAL PRODUCT

威廉橙

天皇橘

安托瓦内特粉

蓬帕杜蓝

罗宾汉绿

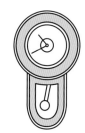

特蕾西亚黄

▨ 安托瓦内特粉

(Antoinette Pink)

18世纪，法国国王路易十六的皇后玛丽·安托瓦内特 (Marie Antoinette) 喜欢在衣服、家具和陶器上使用粉色，这种粉色被命名为安托瓦内特粉，在当时的贵妇圈非常流行。

▨ 威廉橙

(William Orange)

威廉橙取自振兴荷兰的英格兰国王威廉三世 (William III)，是荷兰人最喜爱的一种颜色，被用在国家足球队的队色中。

▨ 罗宾汉绿

(Robin Hood Green)

罗宾汉 (Robin Hood) 是中世纪英格兰传说中的侠盗，罗宾汉绿取自他所穿的深绿色衣服。据说他住在诺丁汉舍伍德森林中，深绿色是他的保护色。

▨ 天皇橘

(Mikado Orange)

出自1930年美国出版的《色彩辞典》。"Mikado"指日本天皇，"Mikado Orange"就是皇太子黄袍的颜色。

▨ 特蕾西亚黄

(Theresa Yellow)

18世纪，奥地利的首位女大公玛丽亚·特蕾西亚 (Maria Theresa) 喜欢一种淡黄色，特蕾西亚黄由此诞生。奥地利皇室的避暑皇宫"美泉宫"的外墙就使用了这种颜色。

▨ 蓬帕杜蓝

(Pompadour Blue)

蓬帕杜夫人 (Madame de Pompadour) 是18世纪法国国王路易十五的情妇，蓬帕杜蓝即得名于她。蓬帕杜夫人为了保护洛可可文化，设立了法国塞夫勒皇家制瓷厂。

源自陶瓷的色名

多种多样的陶瓷和文化相伴，孕育出了丰富的颜色。以下就是一些在传统陶瓷技法中流传至今的颜色。

- ☐ PAINTER
- ☐ HISTORICAL PERSON
- ☑ CERAMIC
- ☐ FASHION BRAND & INDUSTRIAL PRODUCT

代尔夫特蓝

哥本哈根蓝

韦奇伍德蓝

青瓷绿

赫伦绿

马约里卡黄

▓ 韦奇伍德蓝

(Wedgwood Blue)

韦奇伍德（Wedgwood）是英国瓷器品牌，该旗下开发了名为"浮雕玉石（Jasper Ware）"的炻器（介于陶器和瓷器之间的陶瓷器）系列，在该系列产品的素胎上使用的淡蓝色就被命名为韦奇伍德蓝。

▓ 代尔夫特蓝

(Delft Blue)

代尔夫特蓝即出产于荷兰代尔夫特的陶器上使用的蓝色。代尔夫特陶器同样模仿日本的有田烧瓷器，以白色釉药做底，用钴蓝上色。

▓ 赫伦绿

(Herend Green)

赫伦（Herend）是匈牙利著名的瓷器制造厂，其最经典的瓷器系列"印度之花"使用的绿色被称为赫伦绿。赫伦瓷器受日本柿右卫门样式[1]的影响，因此同时包含了东洋和东欧的感性。

▓ 哥本哈根蓝

(Copenhagen Blue)

皇家哥本哈根瓷（Royal Copenhagen）是丹麦的知名瓷器，哥本哈根蓝就取自经典唐草系列的蓝白色。唐草系列模仿日本的有田烧瓷器，在白底上用钴蓝色颜料手工绘制唐草图案。

▓ 马约里卡黄

(Majolica Yellow)

马约里卡陶器发祥于中世纪的西班牙马略卡岛，传入意大利后才逐渐被称为马约里卡。马约里卡陶器的特征是使用黄、蓝、绿、白四种颜色。

▓ 青瓷绿

(Celadon Green)

青瓷是泰国北部城市清迈的代表性陶器，如同青瓷翡翠一般的青绿色就是青瓷绿。青瓷是源自古代中国的灰釉瓷器，受到泰国和越南王室的喜爱。

---

1 柿右卫门样式：日本的一种瓷器，其釉上彩装饰称为"珐琅"陶瓷。

源自时尚品牌和工业制品的色名

一流的时尚品牌中诞生了很多新色名。在企业里，很多贴合产品特性的新色名也逐渐产生。

☐ PAINTER
☐ HISTORICAL PERSON
☐ CERAMIC
☑ FASHION BRAND &
  INDUSTRIAL PRODUCT

贝纳通绿

爱马仕橙

法拉利红

香奈儿米

福特黑

蒂芙尼蓝

■ 法拉利红
(Ferrari Red)

意大利汽车品牌法拉利
(Ferrari) 的代表性红色被称
为法拉利红。1947 年，法拉
利在跑车的车体上使用红色，
之后，人们看到法拉利的时
候就会自然联想到红色。

■ 爱马仕橙
(Hermes Orange)

爱马仕橙指法国著名的
时尚品牌爱马仕（Hermès）
的包装袋颜色，是一种鲜艳
的橙色。"二战"时，由于米
白色的纸张匮乏，只能临时
用当时剩余的橙色纸包装商
品，爱马仕橙便由此而来。

■ 贝纳通绿
(Benetton Green)

贝纳通（Benetton）是
意大利的时尚品牌，贝纳通
绿是其包装袋的代表性颜色，
是一种鲜艳的绿色。贝纳通
也以其丰富多样的色彩在世
界范围内受到消费者喜爱。

■ 蒂芙尼蓝
(Tiffany Blue)

美国珠宝首饰品牌蒂芙
尼（Tiffany）的包装袋颜色
被称为蒂芙尼蓝，是淡淡的
青绿色。这种蓝其实是知
更鸟蛋壳的颜色，从蒂芙尼
品牌创始时就开始使用。

■ 福特黑
(Ford Black)

美国的汽车制造商福特
公司（Ford）于 1909 年开
始大量生产"T 型福特"，其
车体使用的黑色就是福特黑。
福特黑也是 20 世纪初期摩登
设计的象征色。

■ 香奈儿米
(Chanel Beige)

法国时尚品牌香奈儿
（Chanel）常用的米色被称为
香奈儿米。在 1920 年，大胆
使用米色或黑色等无彩色可
谓开创性的举动。

后记

　　我意识到"颜色是连续的"是在小学。那时，我在防灾海报征集比赛中获得了低年级组的金奖，奖品是 72 色的彩色铅笔。看着铅笔排成一排呈现出的渐变色，我惊呆了。而看到铅笔上写着的色名，我才知道原来每种颜色都有自己的名字。由于第一次感受到的震撼太过强烈，以至于直到现在，当我看到画材店里的画材、丰富多彩的衣料、色卡等，各种颜色排列整齐的画面时，都会心动不已。

　　身为平面设计师，我在平时的工作中会接触到各种各样的颜色，于是在 2001 年前后，我萌发了自己调查色名的由来和色调的想法。多年间，虽然我收集了上百种颜色，但还是被色彩世界的庞大压倒，最终半途而废。在这件事搁置了十多年后，我终于等来了一个机会，得以再次面对丰富多采的色彩，去探寻、去尝试还原他们的本来面目，这份工作虽然辛苦，但我乐在其中。不过，虽然我得到了这样一个可

以将其作为毕生事业的机会，但我并非色彩学的专家，对于写作也并不熟练，我很感激在写作过程中给予指导的编辑中村彻。

平时我通常从书籍设计的角度出发去工作，而这次，我把精力全部聚焦在解说颜色的部分，将设计工作全盘交给别人。和对颜色的感知一样，每个人对设计的阐释也各有不同，但这本书的设计满足了我的所有想象，我觉得非常开心。在看到这本书的样书时，我感受到了和当初打开 72 色彩铅时一样的惊喜。每种颜色都配有可爱的插画，非常感谢本书的设计师山本洋介和大谷友之祐，帮我完成了这么新颖的设计。

2018 年 3 月
新井美树

索引

246

新井美树

出生于日本东京都，插画设计师、水彩画家。1982 年毕业于桑泽设计研究所室内设计系。曾在设计事务所任职，2001 年成为自由职业者。作为插画设计师，新井美树做过书籍、杂志等出版物，同时也制作手册、产品目录、包装等。在设计逐渐电子化的时代，新井美树被手绘这种有温度的表现方式所吸引，于 2000 年前后开始用透明水彩手绘旅途中各国的风景。2003 年开办第一次个人作品展，现保持着每一至两年开一次个展的习惯。

个人主页 http://moineau.fc2web.com/

参考文献

《颜色的名字事典》[日] 福田邦夫（主妇之友社）

《色之手帖》（小学馆）

《颜色的知识》[日] 城一夫（青幻舍）

《色彩——色材的文化史》Francois·Delamare、Bernard·Guineau 合著（创元社）

《意大利的传统色》[日] 城一夫，长谷川博志（PIE International）

《法国的传统色》[日] 城一夫（PIE International）

《色——名族和颜色的文化史》Anne Varichon（MAAR 社）

《色的名字》[日] 近江源太郎（角川书店）

《享受日本传统色》[日] 长泽阳子（东邦出版社）

《日本的传统色》《法国的传统色》《中国的传统色》（DIC 色彩指南）

《日本的颜色·世界的颜色》[日] 永田泰弘（Natsume 社）

《画材和素材的博物馆》木黑区美术馆（中央公论美术出版）

《颜色中的日本与世界》色彩文化研究会（青幻舍）

《日本的色辞典》[日] 吉冈幸雄（紫红社）

《草木染之百年》高崎市染料植物园

《从色彩中读历史》（钻石社）

MONOCHROME

COLOR

图书在版编目(CIP)数据

色之辞典 / (日) 新井美树著；彭清译. -- 上海：
上海文化出版社，2020.10 (2022.5 重印)
ISBN 978-7-5535-2083-4

Ⅰ. ①色… Ⅱ. ①新… ②彭… Ⅲ. ①颜色－词典
Ⅳ. ①TS193.1-61

中国版本图书馆 CIP 数据核字 (2020) 第 160931 号

IRO NO JITEN by Miki Arai
Copyright © Miki Arai / Raichosha 2018
All rights reserved.
Original Japanese edition published by
Raichosha, Tokyo.

Simplified Chinese language edition
copyright © 2020 by United Sky (Beijing)
New Media Co., Ltd.
This Simplified Chinese language edition
is published by arrangement with
Raichosha, Tokyo in care of Tuttle-Mori
Agency, Inc., Tokyo

图字：09-2020-411 号

出 版 人：姜逸青
选题策划：联合天际
责任编辑：赵光敏
特约编辑：邵嘉瑜　庞梦莎
封面设计：山川制本 @Cincel
美术编辑：梁全新

书　　名：色之辞典
作　　者：[日] 新井美树
译　　者：彭清
出　　版：上海世纪出版集团　上海文化出版社
地　　址：上海市闵行区号景路 159 弄 A 座 2 楼　201101
发　　行：未读（天津）文化传媒有限公司
印　　刷：天津联城印刷有限公司
开　　本：889×1194　1/64
印　　张：4
版　　次：2020 年 10 月第一版　2022 年 5 月第二次印刷
书　　号：ISBN 978-7-5535-2083-4/J.480
定　　价：78.00 元

关注未读好书

未读 CLUB
会员服务平台